U0258268

见识城邦

少年图文大历史

生命进化为什么有性别之分

[韩] 张大益 著　[韩] 洪承宇 绘
李光在　吴哲 译

中信出版集团 | 北京

图书在版编目（CIP）数据

生命进化为什么有性别之分 /（韩）张大益著；（韩）洪承宇绘；李光在，吴哲译 . -- 北京：中信出版社，2021.10

（少年图文大历史；7）

ISBN 978-7-5217-3134-7

Ⅰ . ①生… Ⅱ . ①张… ②洪… ③李… ④吴… Ⅲ . ①性别－少年读物 Ⅳ . ① Q344-49

中国版本图书馆 CIP 数据核字（2021）第 086524 号

Big History vol.7
Written by Daeik JANG
Cartooned by Seungwoo HONG

生命进化为什么有性别之分
著者：　[韩] 张大益
绘者：　[韩] 洪承宇
译者：　李光在　吴哲
出版发行：中信出版集团股份有限公司
（北京市朝阳区惠新东街甲 4 号富盛大厦 2 座　邮编　100029）
承印者：　天津丰富彩艺印刷有限公司

开本：880mm×1230mm 1/32　　印张：5.75　　字数：109 千字
版次：2021 年 10 月第 1 版　　印次：2021 年 10 月第 1 次印刷
京权图字：01–2021–3959　　书号：ISBN 978–7–5217–3134–7
定价：58.00 元

大历史是什么?

为了制作“探索地球报告书”，具有理性能力的来自织女星的生命体组成了地球勘探队。第一天开始议论纷纷。有的主张要了解宇宙大爆炸后，地球是从什么时候、怎样开始形成的；有的主张要了解地球的形成过程，就要追溯至太阳系的出现；有的主张恒星的诞生和元素的生成在先，所以先着手研究这个问题。

在探索过程中，勘探家对地球上存在的多样生命体的历史产生了兴趣。于是，为了弄清楚地球是在什么时候开始出现生命的，并说明生命体的多样性和复杂性，他们致力于研究进化机制的作用过程。在研究过程中，他们展开了关于“谁才是地球的代表”的争论。有人认为存在时间最长、个体数最多、最广为人知的“细菌”应为地球的代表；有人认为亲属关系最为复杂的蚂蚁才是；也有人认为拥有最强支配能力的智人才是地球的代表。最终在细菌与人类的角逐战中，人类以微弱的优势胜出。

现在需要写出人类成为地球代表的理由。地球勘探队决定要对人类怎样起源、怎样延续、未来将去往何处进行调查，同时要找出人类的成就以及影响人类的因素是什么，包括农耕、城市、帝国、全球网络、气候、人口增减、科学技术和工业革命等。那么，大家肯定会好奇：农耕文化是怎样促使人类的生活产生变化的？世界是怎样连接的？工业革命是怎样改变人类历史的？……

地球勘探队从三个方面制成勘探报告书，包括："从宇宙大爆炸到地球诞生"、"从生命的产生到人类的起源"和"人类文明"。其内容涉及天文学、物理学、化学、地质学、生物学、历史学、人类学和地理学等，把涉及的知识融会贯通，最终形成"探索地球报告书"。

好了，最后到了决定报告书标题的时间了。历尽千辛万苦后，勘探队将报告书取名为《大历史》。

外来生命体？地球勘探队？本书将从外来生命体的视角出发，重构"大历史"的过程。如果从外来生命体的视角来看地球，我们会好奇地球是怎样产生生命的、生命体的繁殖系统是怎样出现的，以及气候给人类粮食生产带来了哪些影响。我们不禁要问："6 500 万年前，如果陨石没有落在地球上，地球上的生命体如今会怎样进化？""如果宇宙大爆炸以其他细微的方式进行，宇宙会变成什么样子？"在寻找答案的过程中，大历史产生了。事实上，通过区分不同领域的各种信息，融合相关知识，并通过“大历史”，我们找到了我们想要回答的“宇宙大问题”。

大历史是所有事物的历史，但它并不探究所有事物。在大历史中，所有事物都身处始于137亿年前并一直持续到今天的时光轨道上，都经历了10个转折点。它们分别是137亿年前宇宙诞生、135亿年前恒星诞生和复杂化学元素生成、46亿年前太阳系和地球生成、38亿年前生命诞生、15亿年前性的起源、20万年前智人出现、1万年前农耕开始、500多年前全球网络出现、200多年前工业化开始。转折点对宇宙、地球、生命、人类以及文明的开始提出了有趣的问题。探究这些问题，我们将会与世界上最宏大的故事相遇，宇宙大历史就是宇宙大故事。

因此，大历史不仅仅是历史，也不属于历史学的某个领域。它通过开动人类的智慧去理解人类的过去和现在，它是应对未来的融合性思考方式的产物。想要综合地了解宇宙、生命和人类文明的历史，就必然涉及人文与自然，因此将此系列丛书简单地划分为文科和理科是毫无意义的。

但是，认为大历史是人文和科学杂乱拼凑而成的观点也是错误的。我们想描绘如此巨大的图画，是为了获得一种洞察力，以便贯穿宇宙从开始到现代社会的巨大历史。其洞察中的一部分发现正是在大历史的转折点处，常出现多样性、宽容开放、相互关联性以及信息积累的爆炸式增长。读者不仅能通过这一系列丛书，在各本书也能获得这些深刻见解。

阅读和学习“少年图文大历史”系列丛书会有什么不同呢？当然是会获得关于宇宙、生命和人类文明的新奇的知识。此系列丛书不是百科全书，但它包含了许多故事。当这些故事以经纬线把人文和科学编织在一起时，大历史就成了宇宙大故事，同时也为我们提供了一个观察世界、理解世界的框架。尽管想要形成与来自织女星的生命体相同的视角可能有点困难，但就像登上山顶俯瞰世界时所看到的巨大远景一样，站得高才能看得远。

但是，此系列丛书向往的最高水平的教育是“态度的转变”，因为通过大历史，我们最终想知道的是“我们将怎样生活”。改变生活态度比知识的积累、观念的获得更加困难。我们期待读者能够通过“少年图文大历史”系列丛书回顾和反省自己的生活态度。

大历史是备受世界关注的智力潮流。微软的创始人比尔·盖茨在几年前偶然接触到了大历史，并在学习人类史和宇宙史的过程中对其深深着迷，之后开始大力投资大历史的免费在线教育。实际上，他在自己成立的 BGC3（Bill Gates Catalyst 3）公司将大历史作为正式项目，之后还与大历史企划者之一赵智雄的地球史研究所签订了谅解备忘录。在以大卫·克里斯蒂安为首的大历史开拓者和比尔·盖茨等后来人的努力下，从 2012 年开始，美国和澳大利亚的 70 多所高中进行了大历史试点项目，韩国的一些初、高中也开始尝试大历史教学。比尔·盖茨还建议“青少年应尽早学习大历史”。

经过几年不懈努力写成的“少年图文大历史”系列丛书在这样的潮流中，成为全世界最早的大历史系列作品，因而很有意义。就像比尔·盖茨所说的那样，“如今的韩国摆脱了追随者的地位，迈入了引领国行列”，我们希望此系列丛书不仅在韩国，也能在全世界引领大历史教育。

李明贤　　赵智雄　　张大益

祝贺“少年图文大历史”系列丛书诞生

大历史是保持人类悠久历史，把握全宇宙历史脉络以及接近综合教育最理想的方式。特别是对于 21 世纪接受全球化教育的一代学生来讲，它显得尤为重要。

全世界范围内最早的大历史系列丛书能在韩国出版，并且如此简洁明了，这让我感到十分高兴。我期待韩国出版的“少年图文大历史”系列丛书能让世界其他国家的学生与韩国学生一起开心地学习。

“少年图文大历史”系列丛书由 20 本组成。2013 年 10 月，天文学者李明贤博士的《世界是如何开始的》、进化生物学者张大益教授的《生命进化为什么有性别之分》以及历史学者赵智雄教授的《世界是怎样被连接的》三本书首先出版，之后的书按顺序出版。在这三本书中，大家将认识到，此系列丛书探究的大历史的范围很广阔，内容也十分多样。我相信“少年图文大历史”系列丛书可以成为中学生学习大历史的入门读物。

大历史为理解过去提供了一种全新的方式。从 1989

年开始，我在澳大利亚悉尼的麦考瑞大学教授大历史课程。目前，以英语国家为中心，大约有50所大学开设了大历史课程。此外，在微软创始人比尔·盖茨的热情资助下，大历史研究项目团体得以成立，为全世界的青少年提供免费的线上教材。

如今，大历史在韩国备受关注。2009年，随着赵智雄教授地球史研究所的成立，我也开始在韩国教授大历史课程。几年来，为促进大历史在韩国的传播，我们付出了许多心血，梨花女子大学讲授大历史的金书雄博士也翻译了一系列相关书籍。通过各种努力，韩国人对大历史的认识取得了飞跃式发展。

“少年图文大历史”系列丛书的出版将成为韩国中学以及大学里学习研究大历史体系的第一步。我坚信韩国会成为大历史研究新的中心。在此特别感谢地球史研究所的赵智雄教授和金书雄博士，感谢为促进大历史在韩国的发展起先驱作用的李明贤教授和张大益教授。最后，还要感谢“少年图文大历史”系列丛书的作者、设计师、编辑和出版社。

2013年10月

大历史创始人　大卫·克里斯蒂安

David Christian

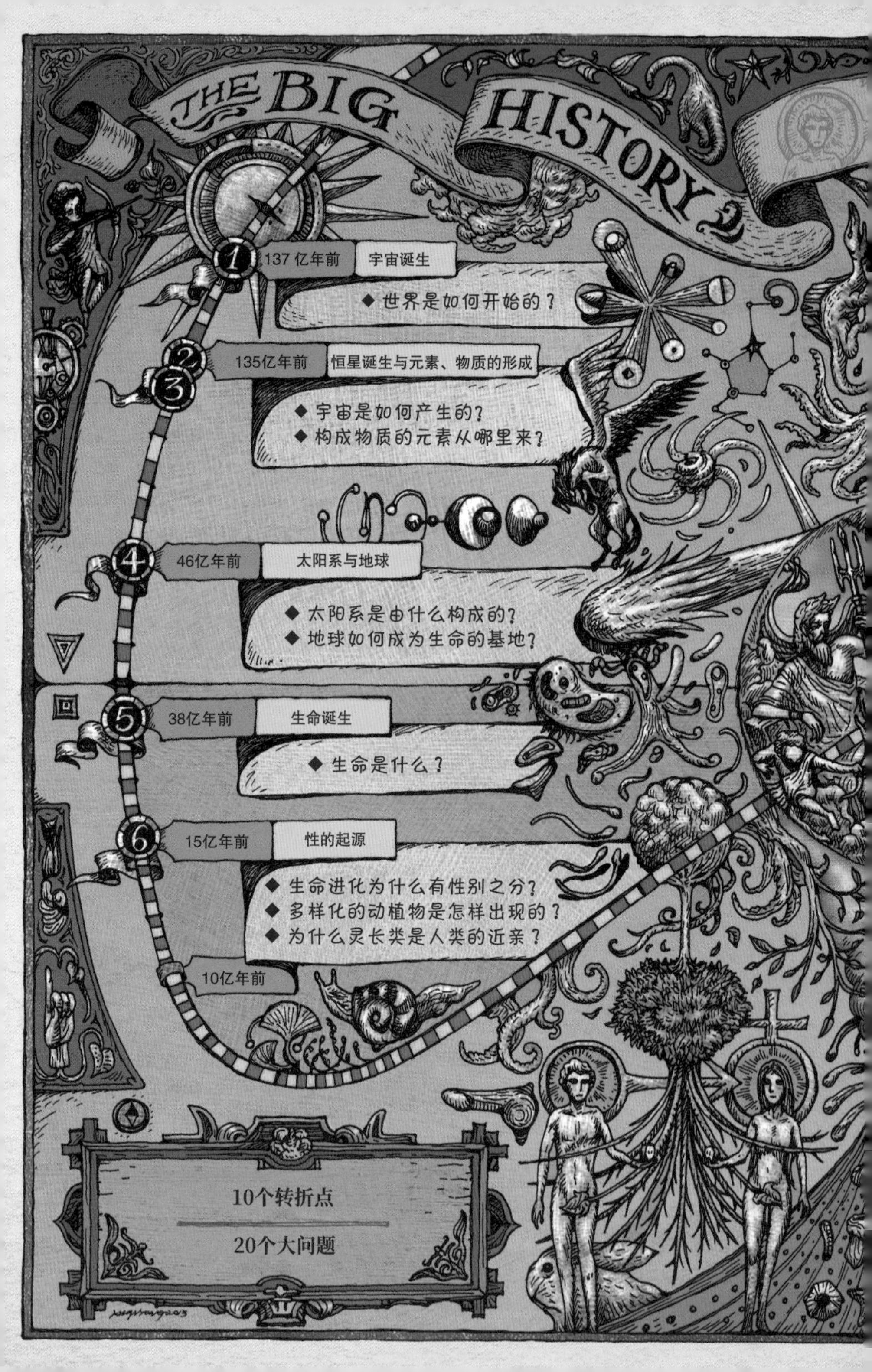
THE BIG HISTORY
1 137 亿年前 宇宙诞生
◆ 世界是如何开始的？
2 3 135亿年前 恒星诞生与元素、物质的形成
◆ 宇宙是如何产生的？
◆ 构成物质的元素从哪里来？
4 46亿年前 太阳系与地球
◆ 太阳系是由什么构成的？
◆ 地球如何成为生命的基地？
5 38亿年前 生命诞生
◆ 生命是什么？
6 15亿年前 性的起源
◆ 生命进化为什么有性别之分？
◆ 多样化的动植物是怎样出现的？
◆ 为什么灵长类是人类的近亲？
10亿年前
10个转折点
20个大问题

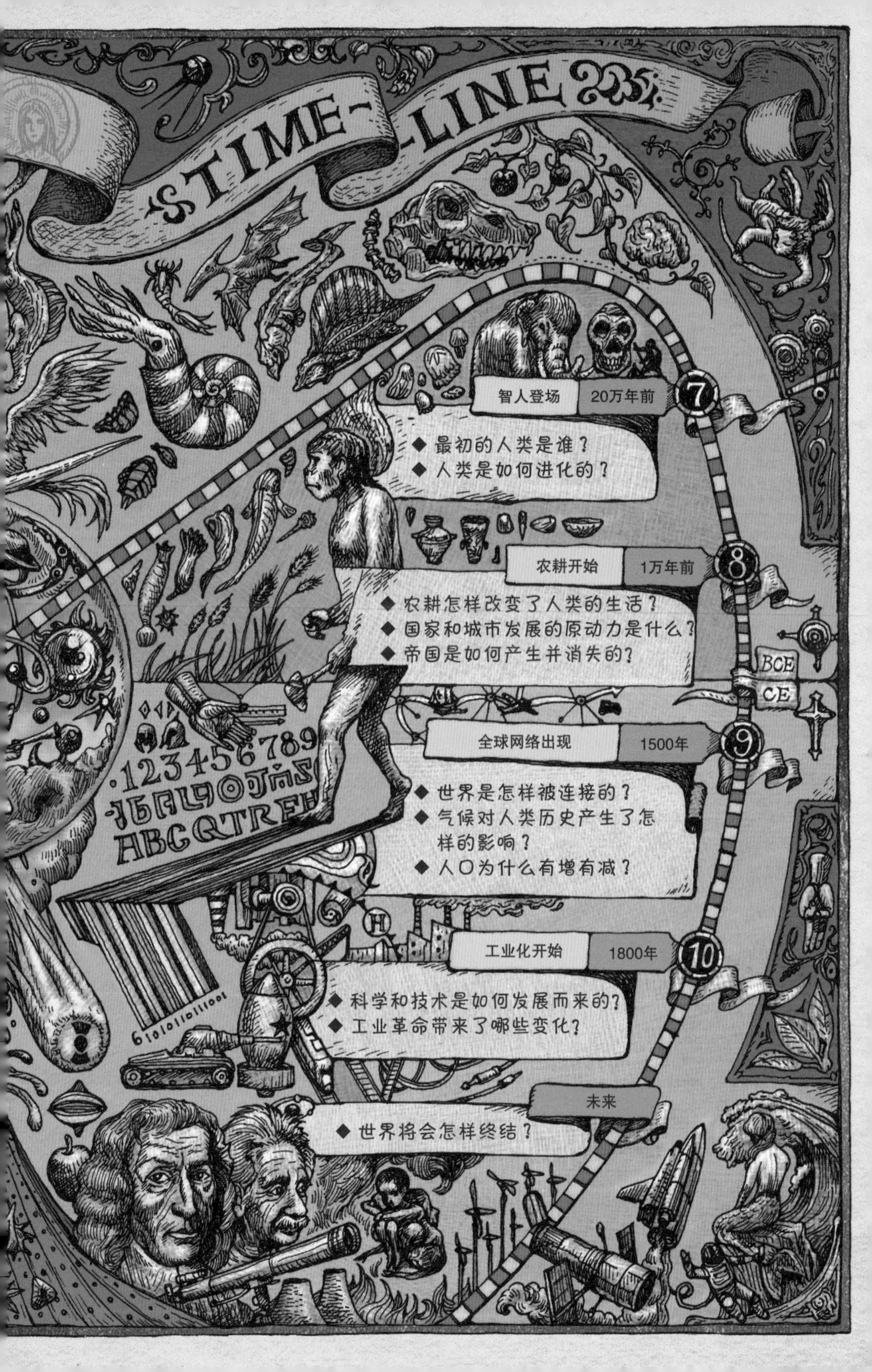
TIME-LINE
智人登场
20万年前
7
◆ 最初的人类是谁？
◆ 人类是如何进化的？
农耕开始
1万年前
8
◆ 农耕怎样改变了人类的生活？
◆ 国家和城市发展的原动力是什么？
◆ 帝国是如何产生并消失的？
BCE
CE
全球网络出现
1500年
9
◆ 世界是怎样被连接的？
◆ 气候对人类历史产生了怎样的影响？
◆ 人口为什么有增有减？
123456789
ABCQTREF
工业化开始
1800年
10
◆ 科学和技术是如何发展而来的？
◆ 工业革命带来了哪些变化？
6101011011001
未来
◆ 世界将会怎样终结？

目录

3

性别为何只分雌雄？

生命体的殊死搏斗——为保存基因而战

5

人类的性与性交

拓展阅读

性使人类生活发生了什么变化？

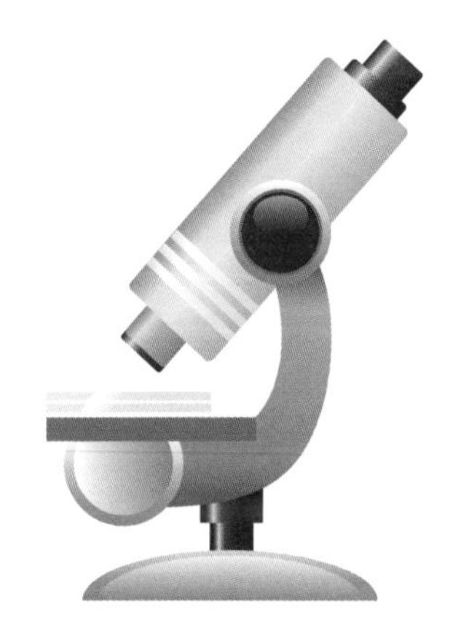

性的意义与未来

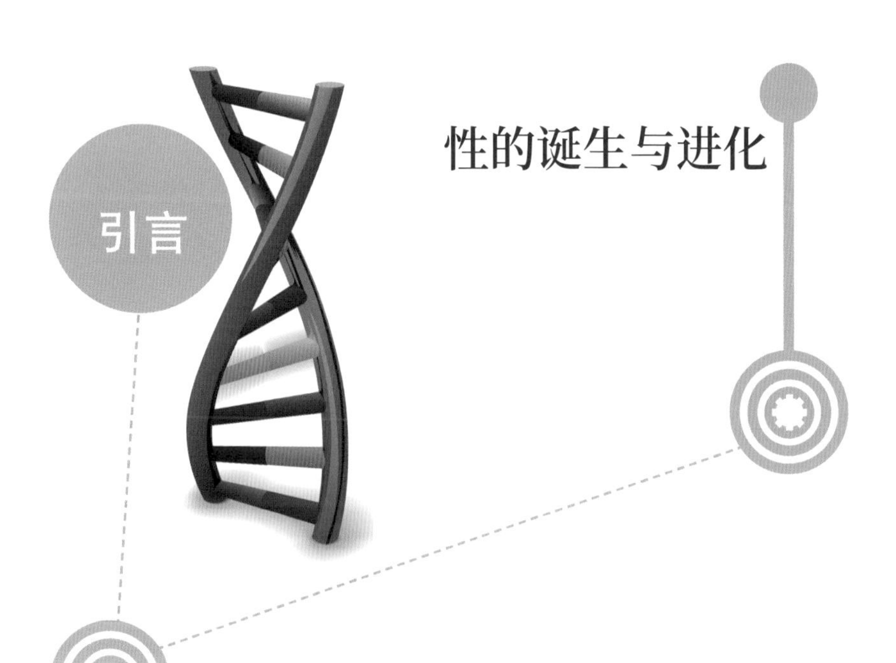

性的诞生与进化

大家是否想过：我们因何而生，又为何而活？当然，孩子是父母爱情的结晶。父母给予我们感动，养育我们长大，供我们读书，同时也给了我们无休止的唠叨和暴躁的脾气。说实话，笔者小时候常常这样想。

“总是唠唠叨叨地对我指手画脚，那为什么还要生下我？我的人生也很苦闷哪！”

的确，我们存在于这个世上到底有何意义？这就像是个永远也解不开的谜语，值得我们探寻一生。那每天陪伴着我们的宠物犬呢？其他动植物呢？难以被观测的微生物呢？它们，又是为何而活？

先把这道难题放在一旁，让我们到密林的水边去看看。在那里，我们能见到成群的美丽孔雀，有在雌孔雀面前开屏的雄孔雀，还有在雄孔雀面前佯装高傲的雌孔雀。雄孔雀就像是男模大赛中身材绝佳的美男子，尽情炫耀着自己美艳的羽毛。若能读懂雄孔雀的想法，或许我们就能听到这样的话：

“喂，美丽的姑娘！你觉得我怎么样，我才华横溢、玉树临风，要不要和我交往？”

树枝上传来阵阵蝉鸣，那是雄蝉在求偶。蝉完美诠释了什么叫作“等待”。一只幼虫要在地下生活 3~17 年才能变为成虫。好不容易熬成成虫，为吸引雌性与之交配，雄蝉在树枝上鸣叫。然而，在与雌性短暂恋爱过后，迎接它们的却是死亡。

向下看，一片茁壮成长的蘑菇呈现在眼前。它们依靠其他生物制造的养分获取能量，再努力地孕育孢子。待这些孢子脱离本体发芽后，就又会生出一片蘑菇。

再看看旁边，五颜六色的花朵正在引诱着漂亮的蝴蝶。

“蝴蝶，蝴蝶，来我这里吧。我请你吃甘甜的花蜜，只要你把我的花粉传播给其他的花就可以啦。”

细菌虽然不能被肉眼直接所见，但其数量极为庞大，也对繁殖表现出极高的热情。只要有合适的环境条件，它们就可以瞬间繁殖出大量后代。甚至有一种细菌仅需 20 分钟就可以进行一次分裂。若保持这种速度持续分裂，它

一天就可以繁殖出 4.7×10^{21} 个后代。若这些细菌排成一列，其长度是地月距离的 2 000 万倍。当然，随着数字逐渐增加，细菌能从周围获取的养分逐渐减少，排泄的废物也慢慢增多，所以不能无限繁殖。但无论如何，细菌具有超强的繁殖能力，这是毋庸置疑的事实。这样遍看整个生态系统，你是否感觉生命存在的理由似乎就是为了繁殖？

那人类又如何呢？虽然存在着诸如政治、经济、统一以及和平等宏大而又重要的问题，但当人们三三两两聚在一起时，“爱情”“恋爱”“性”，也就是与繁殖相关的话题，仍常常被人挂在嘴边。当然，即便如此，我们也不能说人类生活的目的就是繁殖。事实上，在地球庞大的生命系统中，人类是唯一一种能不执着于繁殖还可以生存的物种。但是，人类的生活的确一直伴随着对“性”这一有着广泛内涵的问题的思考。

即使是小孩子也可以轻易区分男生和女生，在异性面前也会有些害羞。不用说初、高中生，就连相当一部分小学生也有正在交往的异性朋友。暗恋对方、内心焦虑的人也不在少数。大部分人会在合适的时机结婚生子，等年纪再大一些，孩子结了婚，就会盼孙子盼孙女，也会暗暗地给孩子施加压力。无可置疑，繁殖在生命现象中占据着非常重要的位置。

再提一个稍微有些不相干的问题。性是怎么产生的？如果说繁殖是把自己的基因传递下去，那为什么就选择了雌雄结合这一种方式？细菌遍布各个角落，甚至存活在人们难以想象的地方。它们仍然保持着无性繁殖的方式，但复杂的生命体大多是通过雌雄结合的有性生殖来繁衍的。在生命的历史上，为什么会选择这种繁殖方式来进化？性的出现使生命的历史发生了什么改变？其实可以说这些都是围绕着性的诞生与进化而提出的根本性问题。

关于性的诞生和进化的根本问题还有很多。比如：为什么只有两种性别？除了雌雄之外，是否可能存在其他性别？雌雄的行为差异与性细胞的大小有何关联？动物和人类的交配方式有何不同？未来性又会有何变化？想要回答这些问题，首先要从多种多样的繁殖方法开始观察。

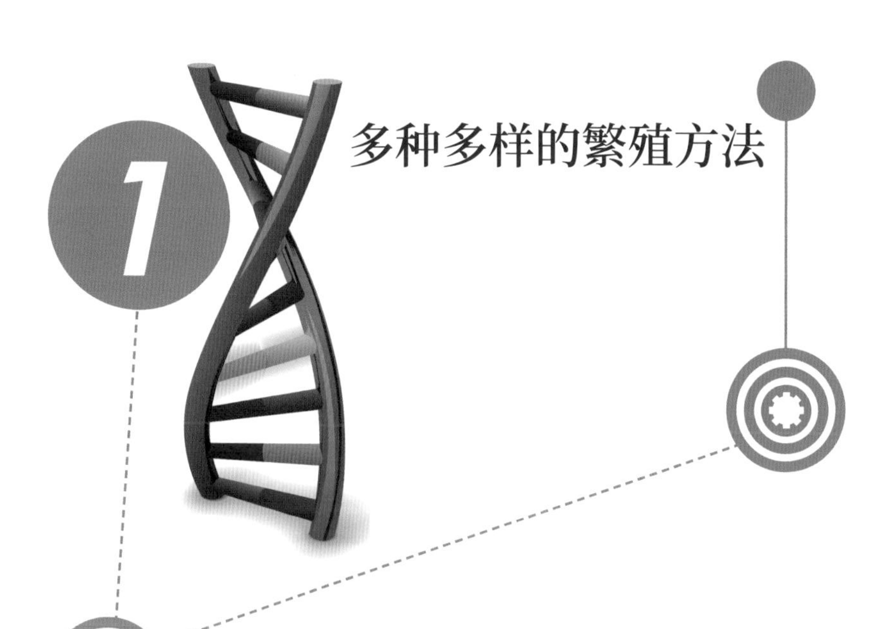

1 多种多样的繁殖方法

繁殖是指增加生物体或生物个体群数量的活动。换句话说，就是将自己的遗传基因组传给后代所必需的过程。生殖是指生物体产生与自己相似的子代个体的过程。“繁殖”与“生殖”虽然含义相近，但“繁殖”的内涵更广，包括动物生育、植物传播种子等活动。

繁殖或生殖的方法主要分为无性繁殖和有性生殖两大类。无性繁殖是一类不经过两性生殖细胞结合，由母体直接产生新个体的繁殖方式。像细菌这种无性别之分的生命体就只能进行无性繁殖。另外，动物中其实也有通过无性繁殖进行繁衍的，如一种全雌性的鞭尾蜥。它们只能靠雌性之间互相引诱来进行排卵，而排出的卵子因缺少精子，也无法受精，所以只能自行分裂胚芽，胚芽长大后也会如母体一般成为一只雌蜥蜴。

与之相反，有性生殖则是通过由减数分裂产生的雌雄两性细胞的结合，从而产生新个体的繁殖方式。因此，有雌雄之分的生命体可以通过有性生殖的方式来繁衍后代。当然，它们并不是只有这一种繁殖方法。而且即便有雌雄之分，但若缺少减数分裂和生殖细胞，那么产生的新个体也是通过无性繁殖而得来的。举例来说，预示春天到来的迎春花有雌蕊和雄蕊，可以通过生殖细胞结合来孕育花种，但也可以通过压条[1]或扦插[2]来进行无性繁殖。

人们在制作面包或啤酒时经常使用酵母，而它就是一种微生物，某些种类的酵母菌会随环境条件的变化而改变繁殖方式。一般来说，酵母菌是通过无性繁殖来进行繁衍的，但若环境条件变差，也可以进行有性生殖。蜂王和雄蜂交尾，产下的幼蜂是二倍体雌蜂，而雄蜂都是生于从未被受精的卵子，因此只有单倍染色体。

1　压条是植物人工繁殖方法之一。将植物的枝、蔓压埋于湿润的基质中，待其生根后与母株割离，从而形成新植株。——译者注

2　扦插是植物人工繁殖方法之一。剪取植物的茎、叶、根、芽等插入土中，等到生根后就可栽种，成为独立的新植株。——译者注

无性繁殖

无性繁殖的方法主要分为二分裂、多分裂、出芽生殖、孢子生殖和营养繁殖等。

二分裂是单细胞生物的繁殖方式之一，是无性繁殖中最简单的方法。细胞一分为二，形成两个子代细胞，且生殖后无法分辨母体和子体，这也是二分裂的一大特征。大部分原核生物（如细菌）、酵母菌中的裂殖酵母菌以及变形虫等一部分单细胞原生生物都是采用这种方式来进行繁殖的。

多分裂是指一个母细胞同时分裂成多个子细胞的现象，也是单细胞生物的一种繁殖方式。引发疟疾的疟原虫和一部分眼虫就是通过多分裂来繁殖的。

出芽生殖是指母体内长出球形芽体，待芽体成熟后脱离母体，成为新个体的无性繁殖方式。通过第 9 页上图可以看出，脱离母体的芽体大小和母体不尽相同，可以轻易区分。在适宜环境中生长的大部分酵母菌、水螅、海葵等生物会用出芽生殖法来繁衍后代。

蘑菇或霉菌等菌类、蕨类植物、苔藓植物和海带等藻类植物通过孢子生殖来进行繁衍。孢子是一种生殖细胞。和普通的生殖细胞——配子[1]不同，孢子可以自己直接长

1　配子是有性生殖的最基本单位，分为精子和卵子。——译者注

细菌的二分裂繁殖过程

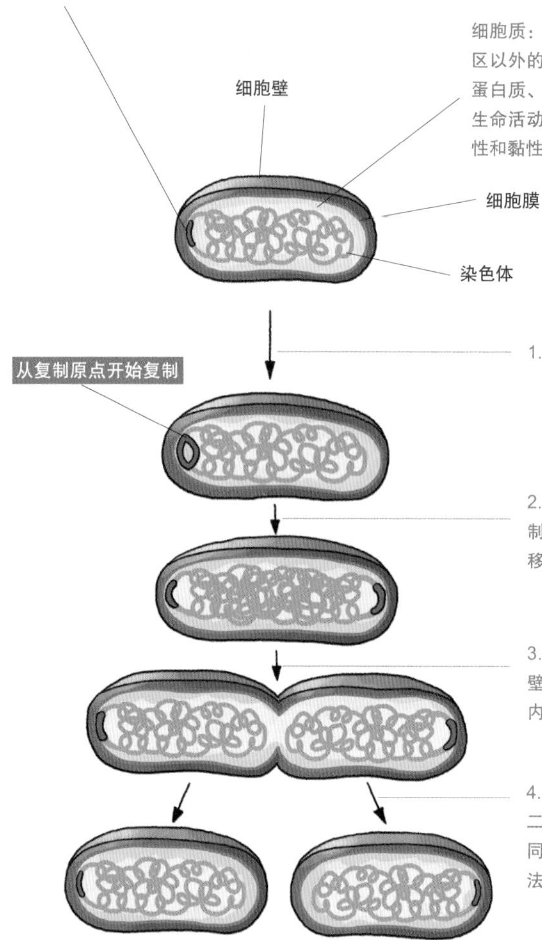
复制原点：开始复制的支点。
细胞质：细胞中细胞膜内除核区以外的部分。其主要成分为蛋白质、水和无机盐类。它是生命活动的主要场所，具有弹性和黏性。
细胞壁
细胞膜
染色体
从复制原点开始复制
1. 从复制原点开始复制。
2. 继续进行染色体的复制。复制出的复制原点移动到细胞的另一端。
3. 复制结束后，细胞壁和细胞膜向细胞质内部延伸。
4. 最终细胞质被一分为二，诞生出一个完全相同的子细胞。此时已无法区分母体和子体。

酵母菌出芽生殖的过程

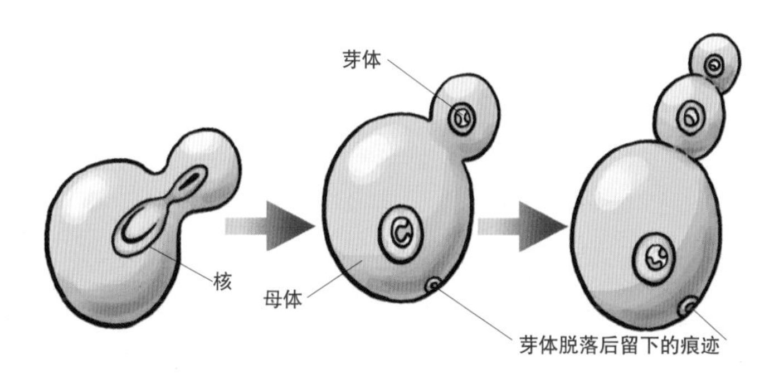

酵母菌生长到一定程度后，一部分细胞中就会长出芽体。随着芽体逐渐变大，核也被一分为二，其中一个继续在芽体内生长。有了核的芽体会在某一时刻脱落，成为一个独立的细胞。此时就会在原来的细胞上留下芽体脱落的痕迹。

水螅出芽生殖的过程

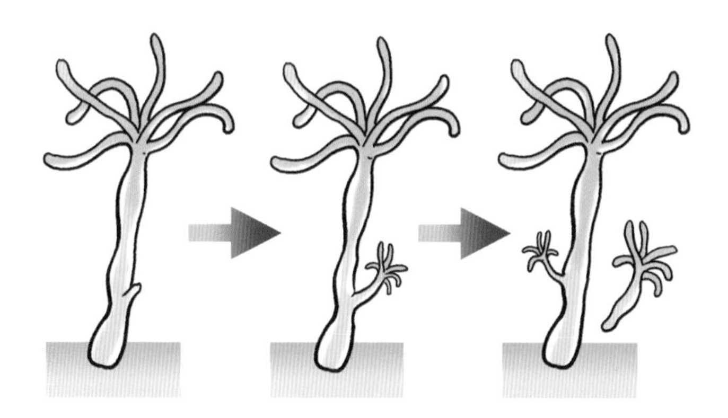

水螅是一种腔肠动物，可以进行有性生殖。但若营养状态良好，它们也能像酵母菌一样，进行出芽生殖。

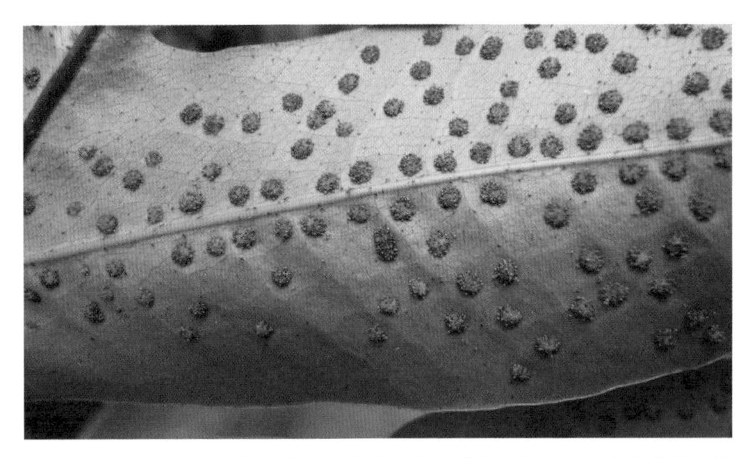

蕨类植物、苔藓植物、藻类等不开花的植物通过生殖细胞——孢子来进行繁殖。观察蕨菜的叶面背部，可以看到很多包裹着孢子的褐色孢子囊。一旦孢子囊破裂，孢子落地，就可以发芽，长出新的蕨菜

出新个体。孢子的细胞壁较厚，因此即便是在不利于孢子存活的环境中，也可以保存自身的遗传基因，等到了适宜的环境中，孢子就可以发芽，长出新个体。

一部分植物还可以通过营养繁殖来繁衍。所谓营养繁殖，就是生物体的营养器官——根、茎、叶的一部分，在脱离母体后发育成为一个新个体的繁殖方式。前文提到的迎春花繁殖方法中的压条或扦插就属于营养繁殖。此外，营养繁殖还包括嫁接和分株繁殖等。

草莓发育出匍匐茎，匍匐茎匍匐在地，向下生长出不定根，伸入土壤成为匍匐茎苗，与植株分离后，即可成为新植株。我们经常食用的马铃薯其实既不是根也不是果，

草莓的匍匐茎

草莓的匍匐茎每长出一节就会伸入土壤生根，以此来繁育新个体。

马铃薯的块茎

马铃薯的栽培适应性非常强，其茎尾端肥大，可形成 20 多个块茎。

而是茎。马铃薯茎的尾端肥大，是一种块茎。大家一定见过厨房里因放置时间过长而发芽的马铃薯，可以看出发芽并不一定要通过种子，也可以通过茎发芽来长出新个体。

通过营养繁殖方式产生的新个体保留了母体的特征，而且与通过种子繁殖的作物相比，它们可以更快地开花结果。因此，在农业或园艺领域，为繁殖出优质的农作物或园艺植物，经常使用营养繁殖的方法。

有性生殖

让我们来看看有性生殖。正如前文所说，有雌雄之分的生命体可以通过有性生殖的方式来繁衍后代。众所周知，大部分动物都有雌雄之分，通过交配繁殖。有性生殖大多需要受精过程，所谓受精，是指雌配子与雄配子相结合的现象。雌配子一般被称为卵子，雄配子一般被称为精子。

一般来说，诸如鱼类的水生动物为体外受精，而爬行动物、鸟类、哺乳动物为体内受精。体外受精是指雌性生物体排卵后，雄性生物体同时排精，精子与卵子在雌性生物体外结合，产生受精卵的受精方式。水生动物的精子拥有能在水中游的能力，可游向卵子，并与其结合，因此可以进行体外受精。但是，陆生动物的雄性生物体必须把精

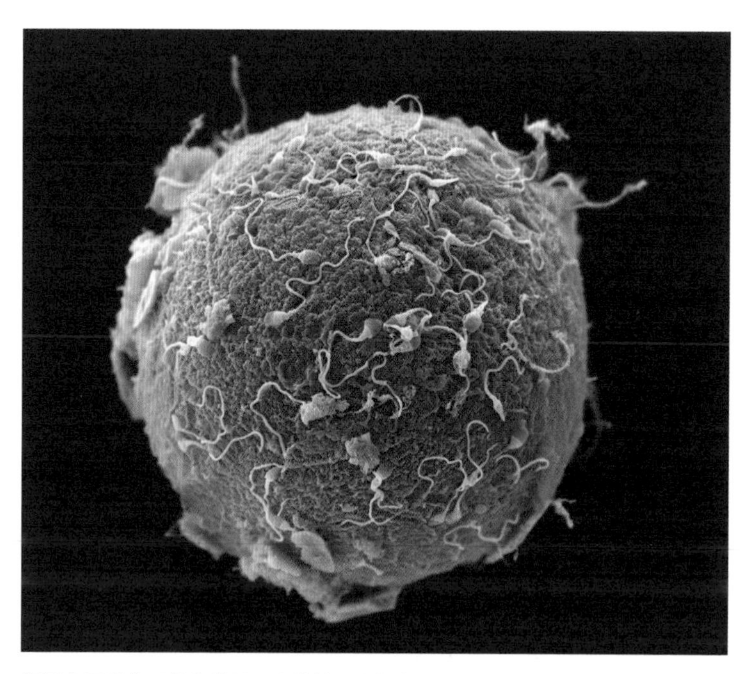

卵子表面附着了很多精子。这些精子为与卵子相见，各自为战，穿过包围着卵子的放射冠和透明带。然而，最终只有一颗精子能够进入卵细胞，使之受精。精子入卵后，卵子迅速完成减数第二次分裂，此时精子和卵子的细胞核分别被称为雄原核和雌原核。两个原核逐渐靠拢，核膜消失，染色体融合，形成二倍体的受精卵。通过这种方式使精卵融合的过程就叫作受精

子传递到雌性生物体的生殖道内，才能完成受精。

有些动物同时具备雌雄两性的功能，即同一生物体内部同时具有卵巢和精巢，这种动物一般被称为雌雄同体。夏天下雨时悄悄溜出来的蚯蚓就是一种雌雄同体的动物。但并不是说雌雄同体的动物就可以通过自身的精子和卵子来受精。以蚯蚓为例，这需要两只蚯蚓进行交

尾，相互交换精液，将自己的精子留在对方体内，而自己可将得到的精子储存起来，等到产卵期就可以自行给卵子受精了。

植物其实也有雌雄之别。花上的雌蕊和雄蕊就分别具有雌雄的功能。雌蕊子房中有卵细胞，相当于动物的卵子。而雄蕊花药中的花粉含有生殖核，相当于动物的精子。花又可以分为单性花和两性花。单性花是指一朵花中只有雌蕊（雌花）或只有雄蕊（雄花）的花，两性花是指一朵花中同时有雌蕊和雄蕊的花。另外，单性花又分雌雄同株和雌雄异株两种情况。雌雄同株是指一株植物的花既有雌花又有雄花，如松树、橡树、南瓜、玉米等。雌雄异株是指雌花与雄花分别生长在不同株体上的情况，如银杏树、白杨树、柳树等。在秋天的街头，你是否闻到过阵阵恶臭？其实那是因为作为行道树的银杏树结了银杏果，银杏果皮天然带有一种臭味。结有果实的树自然就是雌树，同样都是银杏树，不结果的雄树就不会产生气味。

玫瑰、杜鹃等花叶艳丽的植物大多是被子植物两性花。被子植物是指植物雌蕊的子房中包含胚珠的植物。反之，若没有子房、胚珠外露，则大部分是裸子植物单性花，主要依靠风力传送花粉受精。很久以前就生长在地球

两性花的构造

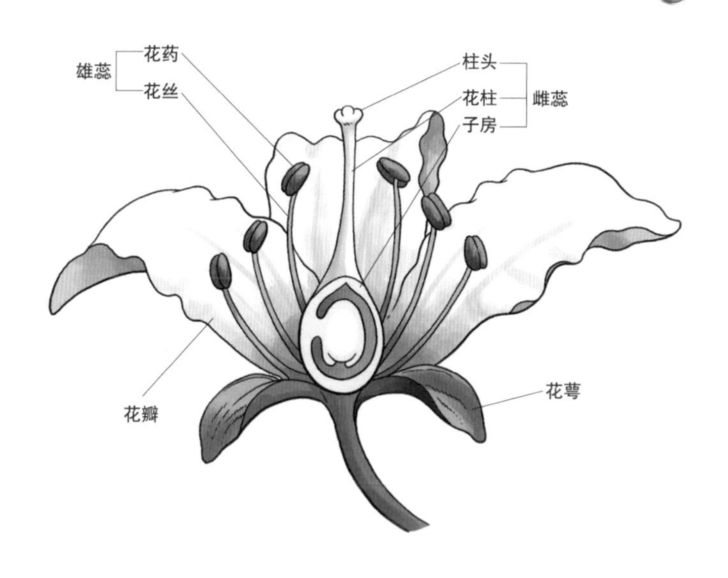

单性花的构造

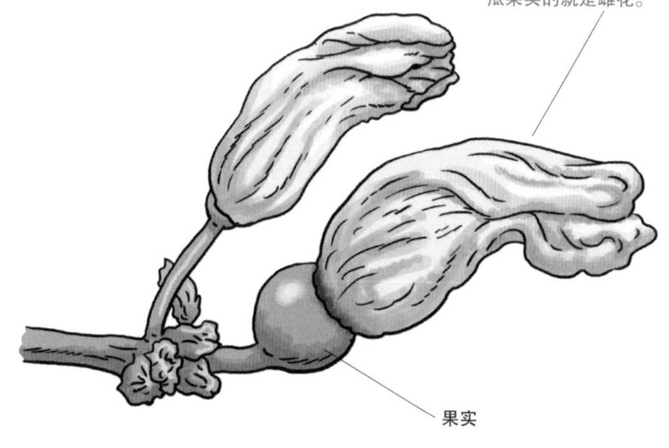

被子植物的双受精（授粉）

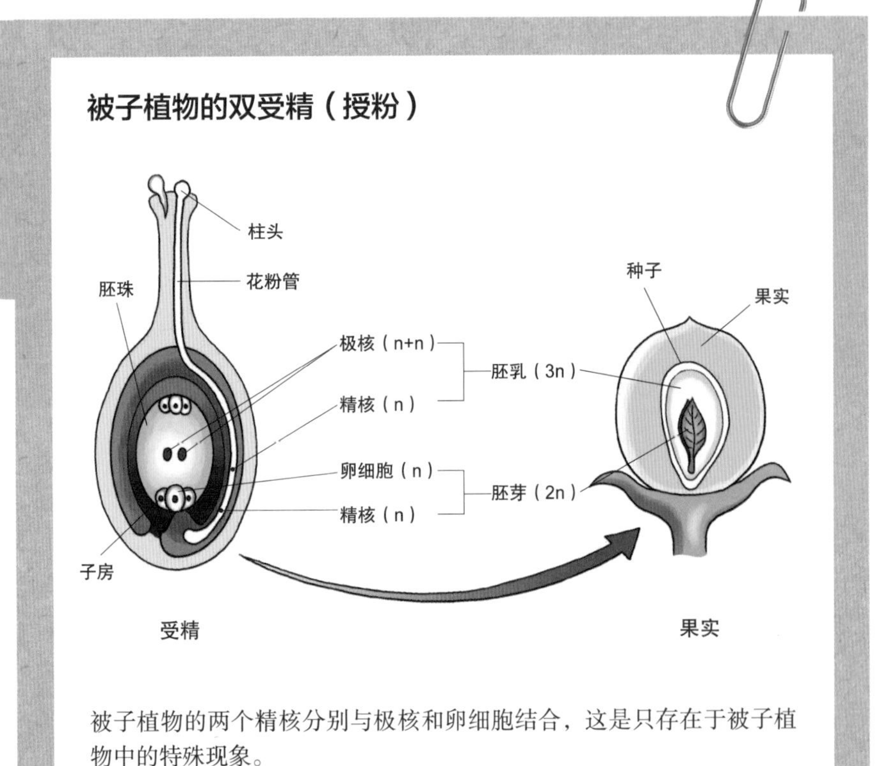

被子植物的两个精核分别与极核和卵细胞结合，这是只存在于被子植物中的特殊现象。

上的苏铁、银杏树、松树等就是裸子植物。有学者认为，最初雌雄异株的单性花为提高自身的授粉率或被授粉率，逐渐进化成了两性花。

在遥远的过去，地球上的植物物种数量不多，只能依靠风来传播花粉，所以花很难有机会找到自己的另一半。但渐渐地，植物增多，找到自己的“伴侣”也随之变得容易起来。因此花也变得越来越美艳，想以此来借助昆虫或兽类的力量传播花粉。因为美丽的色彩或华丽的花纹会吸引昆虫靠近，昆虫能从散发香气的花中获得花蜜，同时也会传播花粉。而鲜有昆虫的地方，鸟或小兽也可以充当昆虫的角色。

传播花粉的无论是风、昆虫，还是鸟，花粉从雄蕊花药移动到雌蕊柱头的过程就叫作授粉。授粉时，雌蕊柱头会流出黏稠的液体，可以溶化花粉坚实的外壁。外壁溶化的花粉会使得花粉管长长垂下，精核就会通过花柱到达子房。此时花粉管会分泌出一种酶，溶化花柱内壁，以便受精作用进行。

随花粉管进入子房的精核一共有两个。一个与卵细胞结合成为二倍体的合子，合子发育后成为胚芽，胚芽成熟后就是一个新个体，相当于动物的受精卵。另一个精核则与极核融合，形成为胚芽提供养分的三倍体胚乳核。像这样两个精核分别与极核和卵细胞结合受精的过程，就是被子植物独特的受精方式——双受精。

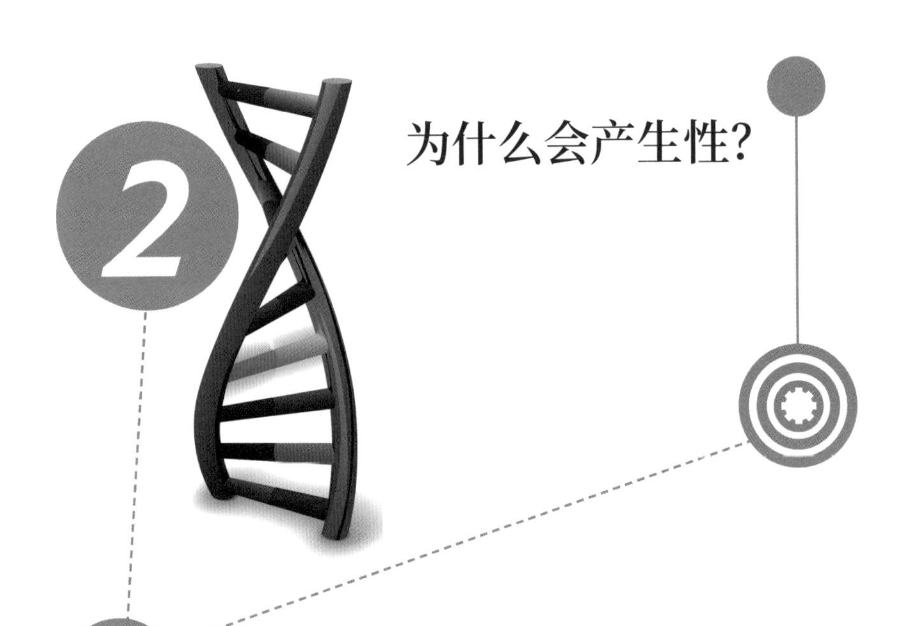

为什么会产生性？

15亿年前，统治世界的生命体是什么呢？答案是细菌，也就是原核细胞。细菌在38亿年前出现在地球上，经过反复进化和灭绝，最终遍布整个世界。大约在15亿年前，一部分细菌产生了奇怪的变化。原本如线一般随意分散的染色体被核膜包围，形成了核。

另外，曾是小原核细胞的线粒体[1]和叶绿体的祖先可以进入比自身体积更大的其他原核细胞中生存，这也是得益于它们的互相帮助。线粒体的祖先可以利用氧气，而叶绿体的祖先可以通过光合作用制造能量。因此，带有线粒

1　线粒体是真核细胞中一种香肠状的细胞器，通过ATP（三磷酸腺苷）合成为细胞的各种生命活动提供能量，相当于细胞的发电站。它含有DNA（脱氧核糖核酸）与RNA（核糖核酸），因此能够参与到细胞质的遗传中。——译者注

体的细胞可以更为高效地使用能量，而带有叶绿体的细胞则可以通过光合作用自行产生能量。

生物可以从线粒体、叶绿体还有自己的宿主细胞处得到安身之所和各种必需物质，这就形成了共生关系。除此之外，还会发生很多事情。各种细胞器得以产生，细胞壁逐渐消失……通过这一过程，原始细胞逐渐与如今的真核细胞越来越相似。

真核细胞的出现极大地改变了生命的历史。吞噬其他细胞的同时，基因组的数量也慢慢增多。这也使得增加的遗传基因与之前相比，更具有诞生更为复杂的生命体的可能。

然而，真核生物确立在生命历史上的地位的这一过程非常坎坷。让我们再来想象一下地球上第一个真核细胞产生的过程。

如线粒体和叶绿体进入更大的细胞当中一样，体积大的细菌吞噬比自身小的细菌的事时常发生。但运气如线粒体和叶绿体一样好的细菌却很少见。在大部分情况下，大细菌由于携带化学物质，具备消化功能，所以大细菌的细胞质上留下了很多无法被消化的小细菌的遗传基因。这些遗传基因中的一部分就有可能侵入宿主细胞的染色体中。

这时就会出现问题。入侵的遗传基因和宿主的遗传基

真核细胞——动物细胞和植物细胞的构造

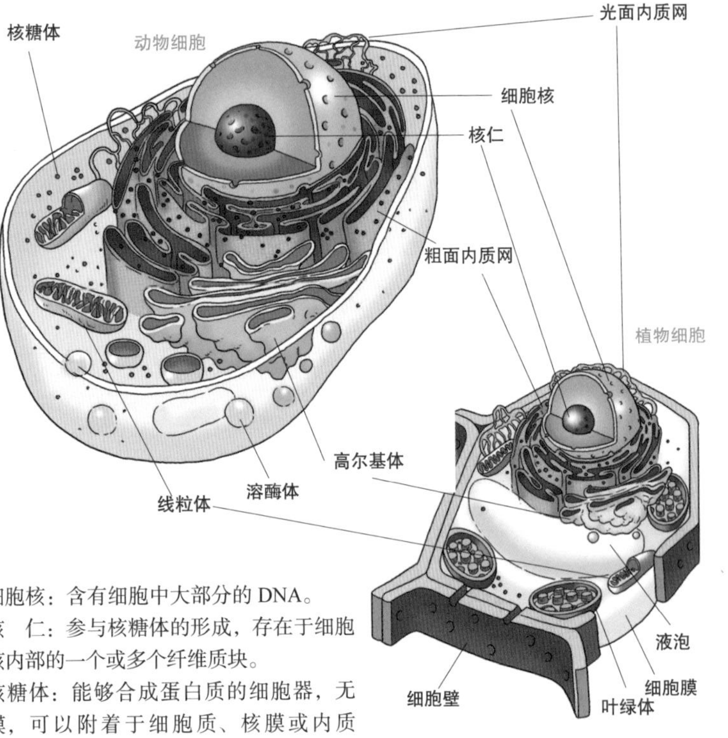

核糖体
动物细胞
光面内质网
细胞核
核仁
粗面内质网
植物细胞
高尔基体
溶酶体
线粒体
液泡
细胞膜
细胞壁
叶绿体

细胞核：含有细胞中大部分的 DNA。
核　仁：参与核糖体的形成，存在于细胞核内部的一个或多个纤维质块。
核糖体：能够合成蛋白质的细胞器，无膜，可以附着于细胞质、核膜或内质网上。
内质网：由生物膜构成的互相连通的系统，是许多物质合成与代谢的场所。分为附着核糖体的粗面内质网和没有核糖体的光面内质网。
高尔基体：参与物质合成、变形、分类和分泌的细胞器。
线粒体：细胞进行有氧呼吸的主要场所，能够利用氧气制造能量（ATP）。
溶酶体：能够水解高分子物质的细胞器，是细胞内的消化器官。
叶绿体：植物细胞中由双层膜围成，含有叶绿素，能进行光合作用的细胞器。
液　泡：植物细胞中由单层膜围成的细胞器，能够储藏和分解细胞内的代谢物和水解高分子。
细胞膜：包围细胞质和细胞器的界膜。
细胞壁：位于细胞膜之外，能保护植物细胞，维持形状，防止吸收过多的水分。

真核生物的起源——通过内部共生

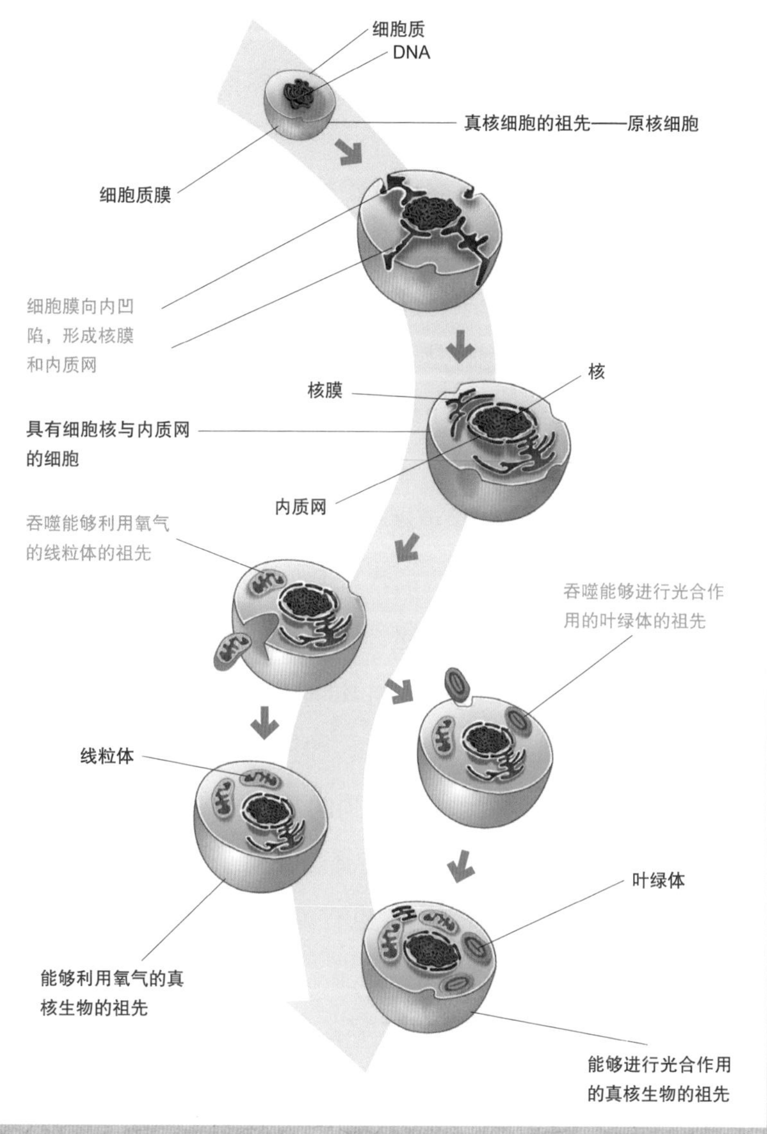
细胞质
DNA
真核细胞的祖先——原核细胞
细胞质膜
细胞膜向内凹陷，形成核膜和内质网
核膜
核
具有细胞核与内质网的细胞
内质网
吞噬能够利用氧气的线粒体的祖先
吞噬能够进行光合作用的叶绿体的祖先
线粒体
叶绿体
能够利用氧气的真核生物的祖先
能够进行光合作用的真核生物的祖先

因会围绕复制这一问题发生冲突，甚至会将环状的宿主染色体肆意分割成几段。（细胞学者认为，现在的真核细胞会出现条状染色体，就是因为这一过程。）大的吃掉小的，使得体积（基因组）变大，又因为“消化不良”导致“腹泻”，那到底什么能够治疗“腹泻”呢？

答案是有性生殖。学者们正是从这一视角出发，认为正是因为性的出现，真核细胞才能在地球上占有一席之地。只有一种方法能将基因组杂乱无章的细胞复原，那就是将基因组混合。从两个细胞中分别将完好的基因提取出来，再通过混合的方式，就能够复原出一个完好的细胞。进化生物学家梅纳德·史密斯曾说过：“性就好比是一名维修技师，它从两辆报废的汽车上分别选取一些未受损的零件，再把它们组合在一起，成为一辆新车。”

若继续携带受损基因或将其原封不动地传给后代，这些细胞迟早会走上灭绝的道路。但若通过交换基因的方式，就能够替换掉自己原本受损的基因，接受新基因，从而得以幸存。随着新功能的传播，相对于修复受损基因，细胞可能比原来更加强大，也有可能创造出更好的基因组合。

研究性的起源与进化的学者认为，这一过程逐渐完善，通过减数分裂，生殖细胞得以出现，也使如今通过生殖细胞结合的有性生殖得以产生。假如不存在有性生殖，

那么地球仍是原核生物的天堂，只有泛滥成灾的细菌。从生命的历史来看，同时出现真核细胞和有性生殖机制的15 亿年前左右，可以说是开启了生物多样性的正式起点。

然而，世事皆有两面。性的出现既有好处，也为生命体带来了某些困难。无论如何，性是克服了所有难题进化而来的。

性是不可或缺的吗？

安奈嵩小姐今年 21 岁，她的男朋友罗许世先生今年 24 岁，再过几天就是他们交往百天的纪念日了。两年前，安小姐在高考结束后就开始打工，努力工作了 3 个月，攒了 330 万韩元（约合 1.8 万元）。大家常说，自然美才是真的美，但安小姐还是径直去了整形医院。躺在手术台上的她依靠现代医学，开启了第二人生。

安小姐进行了近乎疯狂的节食，甚至因为贫血而经常晕倒，朋友也对她既羡慕又嫉妒。在联谊会上，罗许世先生戴着与其年龄不相符的名表，一下就吸引得安小姐与之交往。罗先生想在百天纪念日那天送给女朋友一款名牌包作为礼物，他拿出了自己所有的积蓄，甚至连军队工资都掏了出来。他还曾求助于父母，即使别人说他“养儿无用”，他也佯装不知。到了百天纪念日那天，安小姐收到了罗先生送来的名牌包。她非常开心，决定不再欲擒故纵，不再隐藏对罗先生的爱意。两人去了平时和同性朋友从未去过的高级餐厅，一起喝红酒，度过了幸福的时光，约定要永远相爱。

三周后，两人因为一点小事吵了一架，安小姐一气之下说出“我们分手吧”。这本是欲擒故纵的一个环节，但罗先生却当了真。感觉非常受伤的他决定收回对安小姐的那份爱。几天过去了，安小姐没有等来罗先生的联络，觉得很伤心，就约了朋友见面。她哭哭啼啼地喝着酒，决心再找一个比罗先生更高更帅的男人。

爱情的确会消耗很多精力和金钱。一些女性为了让自己看起来更加漂亮、更加苗条，会选择节食，甚至进行整形手术，这都要忍受极大的痛苦。一些男性为了显示自己的财力，也会挖空心思。自己吃方便面度日，却用省吃俭用攒下来的钱请喜欢的女孩吃昂贵的食物。另外，感情的波动其实也是一种消耗。心情太过激动，会使学习或工作都无法顺利进行。若双方都因为这段感情而受伤，就会无心去做任何事情，只会痛哭流涕，喝得酩酊大醉，甚至还会唆使身边的朋友和自己一起破口大骂。

但其实不仅是人类，只要是有雌雄两性的生命体，在求偶时都会有巨大的花销。母鸡非常喜欢高大、鸡冠鲜红的公鸡。但实际上，公鸡鸡冠的“保养”很不容易，因为它所需要的激素（睾酮）同时也会使它的免疫力低下。雄性艾草松鸡在繁殖期时，会整日鼓起胸前的两个气囊，这需要相当多的能量。将近一吨重的雄性北象海豹为了获得雌性的青睐，彼此之间会进行激烈的打斗，大部分海豹都会被打得遍体鳞伤。不仅如此，你是否听过“角逐战”这个词语？生活在苔原带上的雄性麝牛打斗时会将自己巨大的牛角当作武器，有时甚至能将对方的头骨撞得粉碎，这就是角逐战。此外，澳大利亚的雄性红背蜘蛛会在交尾时将自己的身体作为食物献给雌性。这究竟是为什么？这一切都不能从生存的角度得到解释，那到底是为什么？

其实，这一切都与繁殖有关。雄孔雀美艳的羽毛、公鸡的鸡冠、雄性艾草松鸡鼓胀的气囊、雄性海豹庞大的体形、雄性麝牛威力巨大的牛角，等等，只在繁殖的层面才有意义。因为雌性就是更喜欢与这样的雄性交配，雄性动物真是不容易。

但其实雌性也是一样不易。若是它们被那些“装大款”的雄性欺骗，那么交配后，怀孕和养育幼崽的重担就都会落在它们的身上，更不用说雌性还要承受分娩时的生命危险。因此，对于雌性而言，交配也总是意味着危险。那动物为什么还要花费大量时间和精力去交配呢？这些行为看起来对生存是不利的。

雄性艾草松鸡在进入繁殖期后，为吸引雌性的关注，会整日鼓起胸前的两个黄色气囊，这需要消耗很多能量

通过无性繁殖的生命体将自身的遗传基因组原封不动地传给后代，就像是有丝分裂过程一样，制造了一个自己的复制品。这是最简单且最有效的方式，也是遗传基因保留最完整的方法，复制即为繁殖。通过无性繁殖诞生的后代携带着与母体几乎完全相同的基因，虽然在细胞分裂的过程中偶尔也会存在基因突变的情况，但还是非常少见的。

相反，有性生殖较为复杂，且不高效。首先要经过精且繁的减数分裂过程产生生殖细胞，而生命在进化减数分裂这一机制时其实会有很大的负担。再如 29 页图所示，相对于无性繁殖来说，通过有性生殖繁衍出的后代数量较少。如二分裂无性繁殖，一个个体可以一分为二，成为两个新个体。而有性生殖则必须通过雌配子和雄配子配合才能产生一个新个体。另外，有性生殖还必须寻找到配合的对象，从而花费更多的精力。甚至还有可能终生都未能找到交配的对象，无法留下后代。如此，与无性繁殖相比，有性生殖加重了繁殖的非效率性。进化生物学家梅纳德·史密斯将其称为“性的双重负担”。

假设一位美女演员和一位天才科学家一见钟情，然后结婚了。许多人都祝福这段婚姻，并期待他们能生出一个聪明、漂亮的孩子。但结果他们的孩子却遗传了父亲的外貌和母亲的智力，各项都平凡无奇。

那么，如果两个外貌、智力和才能等各方面都非常突出的“别人家的孩子”结婚，他们的孩子又会如何呢？孩子还会像父母一样成为“别人家的孩子”吗？的确，相较于各方面都比较平凡的父母，拥有优质基因的父母生出基因优秀的孩子的概率确实会更高，但这并不是说他们一定会生出基因优秀的孩子。因为父母身上的隐性基因有可能会成为孩子的显性基因，甚至也有可能出现父母双方都不具备某种特征但孩子具备的情况。举例来说，即使父母双方都是双眼皮，也有可能生出单眼皮的孩子。双眼皮基因用 A 表示，单眼皮基因用 a 表示，因为双眼皮基因

无性繁殖

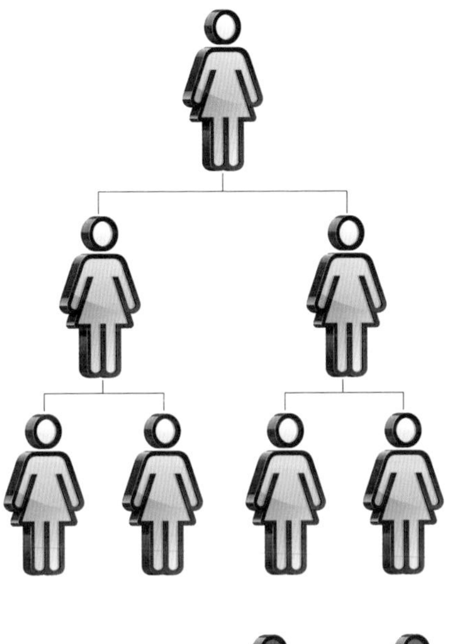

有性生殖

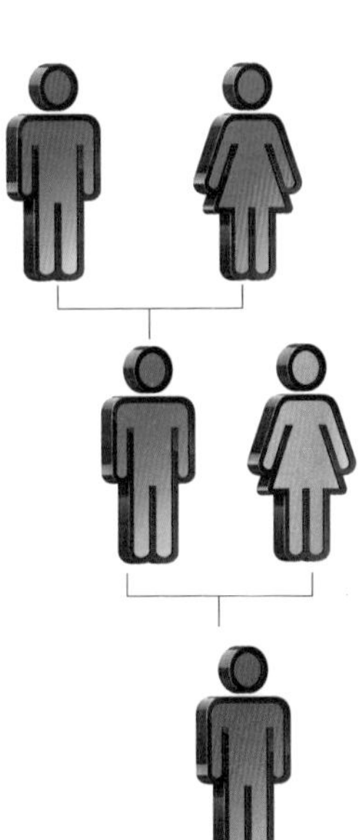

传递基因的方法有无性繁殖和有性生殖两种。无性繁殖是一个个体能单独形成新个体的繁殖方法，它可以制造出基因基本相同的个体。有性生殖则是雌雄双方通过减数分裂产生各自的生殖细胞，再通过二者结合，创造出一个不同于雌雄本体的新个体的繁殖方法。

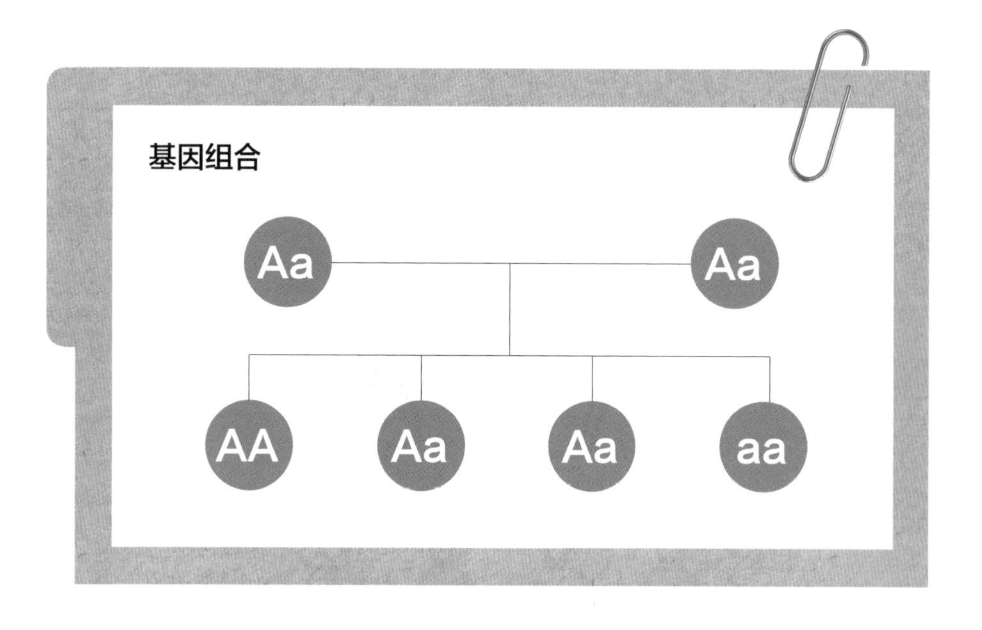

是显性基因，单眼皮基因是隐性基因。因此，假如父母双方都是 Aa，表示二人都有双眼皮。而他们的孩子则会是 AA、Aa、aa 中的一种。如果孩子是 AA 或 Aa，则孩子也有双眼皮；若是 aa，则是单眼皮。可以说，他们的孩子有四分之三的概率是双眼皮。依据基因重组的原理，甚至在减数分裂时，父母任何一方中也没有的性格特征可能会出现在他们后代的身上。关于这一点，会在后面做详细的说明。

假如“别人家的孩子”能够进行无性繁殖，那么她的优质基因就能够完整地传给后代，孕育出的孩子都是“别人家的孩子”。但因为人类是有性生殖，所以孩子并不能完整地接收优质基因。换句话来说，有性生殖存在混合非优质基因的可能。从这一意义上来说，性也像是一种赌博。

那么，有性生殖这一如此复杂而又投入颇多的概率游戏又有何意义？有何优点能够抵消双重负担，还使地球从一个细菌泛滥的灰色行星摇身一变，成为一个美丽多彩的星球？性是不可或缺的吗？

动物体细胞的有丝分裂

细胞被一分为二，成为两个新细胞，这种增加细胞个数的生命现象就叫作有丝分裂。在这一过程中，被分裂的细胞叫作母细胞，分裂之后所形成的细胞叫作子细胞。有丝分裂后，子细胞与母细胞具有相同数量的染色体。

有丝分裂是一个连续的过程，按先后顺序划分为间期、前期、前中期、中期、后期和末期，最后是胞质分裂。其中耗时最长的是间期，它是整个过程的准备阶段，会对原有的DNA进行复制，最终产生二倍量的DNA。在这一阶段，核膜内被复制出的DNA尚未凝集，所以会以染色线的形态存在。到了前期，染色线螺旋缠绕并逐渐缩短变粗，形成染色体。中心体释放纺锤丝，两个中心体逐渐分开。前中期时，核膜破裂，细胞核消失，动原体与特殊蛋白质结合，形成着丝点。两个中心体移动到相对的两极。到了中期，染色体排列在赤道板上。后期时，每条染色体的两条姐妹染色单体分

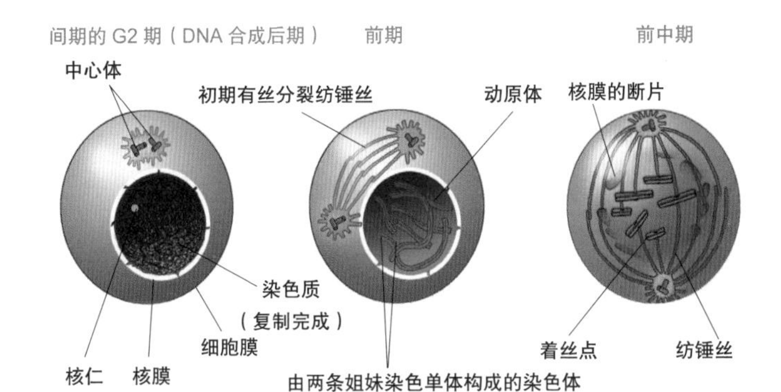

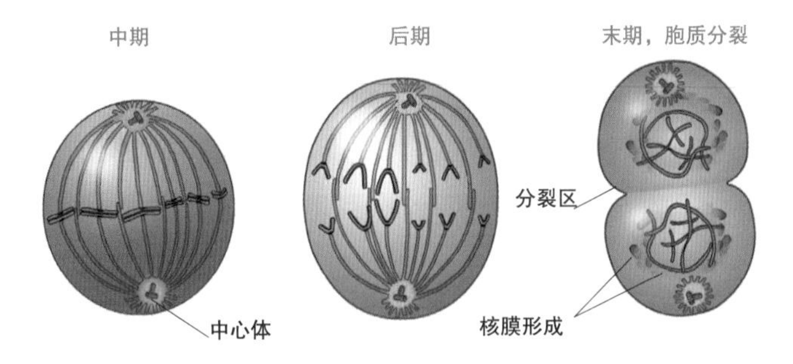

开，并随着纺锤丝的缩短移向两极。末期时，细胞内开始形成两个子核，子染色体解螺旋，全部子染色体构成一个大染色质块，纺锤丝解体消失。紧接着，赤道板附近形成分裂区，细胞体最后一分为二。（植物细胞有细胞壁，细胞板会逐渐扩展到原来的细胞壁，把细胞质一分为二，其余过程与动物细胞类似。）

减数分裂

减数分裂是使真核细胞中染色体数目减半的分裂方式，具体过程有减数第一次分裂（减一）和减数第二次分裂（减二）两个阶段。首先通过间期复制DNA，复制后，DNA的数目变为原细胞的两倍，并制造出多种蛋白质，为细胞的分裂做充分准备。

准备妥当后，进入减数第一次分裂阶段。减一分为前期、中期、后期、末期和胞质分裂几个过程。减一前期或多或少有些漫长且复杂。首先，杂乱的染色丝凝集形成染色体，随后同源染色体联会[1]，形成四分体，出现纺锤体，核仁、核膜消失。同源染色体非姐妹染色单体可能会发生交叉互换。减一中期同源染色体着丝点对称排列在赤道板两端，细胞质中形成纺锤体。减一后期由于纺锤丝的牵引，成对的同源染色体

1 同源染色体在纵的方向上两两配对的现象叫作联会。——译者注

同源染色体

形态、结构基本相同的染色体。在这一对染色体中，一个来自母方，另一个来自父方。

细胞分裂时，染色体一分为二，又附着在同一动原体，则构成这条染色体的每一个“枝杈”就叫作染色单体。另外，以同一个动原体为中心相结合的两条染色单体互为姐妹染色单体。

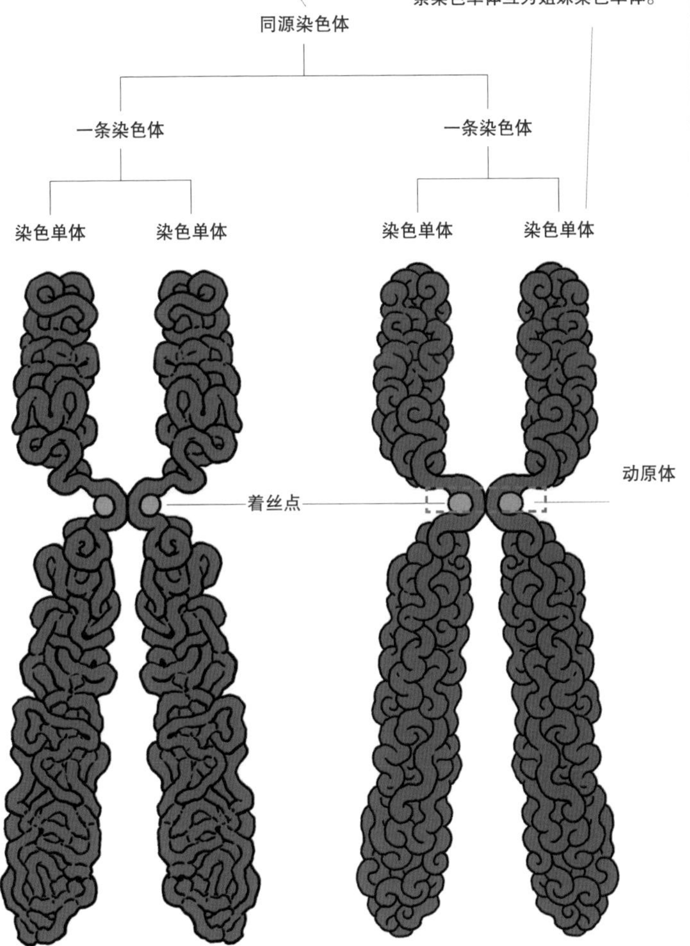

减数第一次分裂

中期 后期 末期

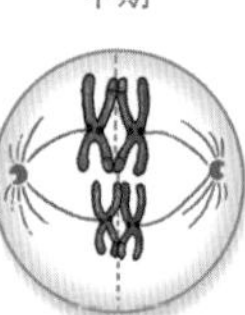
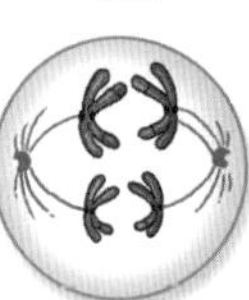
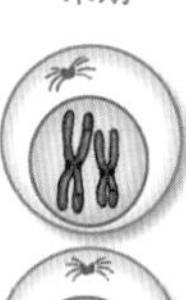

减数第二次分裂

前期 中期 后期

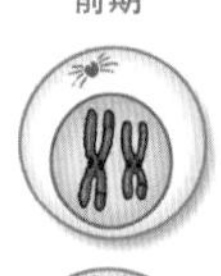
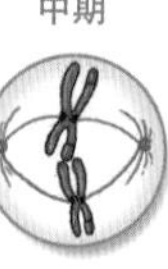

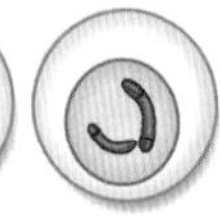

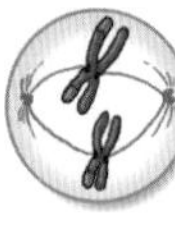

各自发生分离，非同源染色体自由组合，并分别移向两极。

减一末期，经过胞质分裂，细胞一分为二，两个子细胞的染色体数目只有原来的一半。重新生成的细胞不再进行复制，紧接着发生第二次分裂。减二同样分为前期、中期、后期、末期和胞质分裂几个阶段，并且每个阶段也都与减一相似。但是，在减二中期，姐妹染色单体分裂时，由于姐妹染色单体在减一时发生了交叉互换，所以此时已经不存在同源染色体了。

经过两次连续分裂，形成了四个子细胞，每个子细胞的染色体数目减半。因此，若两个性细胞结合受精，则染色体的数目就与原来的细胞相同。这就保证了有性生殖生物个体世代之间染色体数目的稳定性。

造就了“多样性”与“差异性”的性

前文中提到，性的双重负担之一与减数分裂有关。但在减数分裂时，却能发生在有丝分裂过程中不会发生的神奇现象。那就是从母方和父方中得到的基因的一部分会发生交叉互换，这其实就是基因重组。所谓基因重组，就是解体、重新排列 DNA 或 RNA 等基因要素，并改变其原有序列的过程。因此，虽然通过有丝分裂能够得到几乎完全相同的细胞，但通过减数分裂所得到的四个子细胞各不相同。

通过有性生殖繁衍出的子代细胞，从概率的角度讲，母系遗传基因和父系遗传基因大致各占一半。也就是说，父母与后代仅有一半基因是相同的。但事实上，具有生殖细胞的母系染色体和父系染色体的组合方式不计其数。那么，人类的情况又如何呢？人拥有 23 对染色体，所以作为减数分裂最终结果的生殖细胞，其中也有 23 条染色体。每条染色体都是从父亲或母亲处得来的，可能的组合方式有 2^{23}，大约 840 万种。这样所形成的卵子和精子通过受精相融合，其受精卵所携带的染色体组合有 $2^{23}\times2^{23}$，约 70 兆种之多。另外，因为在减数分裂时，可能会出现基因交叉互换重组，所以实际上，基因的多样性难以估量。可以说，性通过减数分裂、基因重组和融合，造就了基因

的多样性与复杂性。

那么，这巨大的基因多样性到底是为了何人呢？对此，学术界有两种不同的声音。一方认为，性是为了给予种群基因多样性而进化出来的，而另一方则主张，性是为了给予个体差异性而进化出来的。也就是说，性的出现是为了给种群或个体带来利益。首先，让我们来看一下认为是为种群带来利益的学者们的看法。

等等！先问一个问题。你知道达尔文的妻子是他的表姐吗？以现代的思维来看，我们或许会觉得有些难以接受，毕竟法律明确规定，近亲是不可以结婚的。然而，这在 200 多年前的英国社会却是很平常的事情。达尔文和妻子先后生下 10 个子女，但 3 人夭折、3 人不育。后来，达尔文据此提出了杂交优势的生物学现象：杂交而生的后代，其基因优于上一代。当然，通过避免近亲结婚从而生出更为强壮的后代，这是基因多样性的好处，而非性的利益。相比有近亲关系的人，没有血缘关系的人共有遗传基因的可能性确实更低，所以自然增加了它多样性的可能。我在这里想要强调的是，基因多样性有利于孕育强壮的后代。因此，确保多样性对于基因的生存非常重要。

达尔文后来意识到，近亲结婚可能会带来许多生物学问题，所以常常担心子女的健康。三个孩子夭折，最爱的女儿安妮死后，达尔文第一次后悔和自己的表姐结婚。现在可以理解法律为何禁止近亲结婚了吧？

在达尔文之后，也有许多学者主张，性是为了增加种群遗传多样性而进化的。假设某个体拥有 a 和 b 基因，但同时拥有 A 和 B 基因才是最有利于生存的基因组合。那么，在无性繁殖的种群和有性生殖的种群中，分别会发生什么情况呢？在无性繁殖的种群中，除非发生极偶然的突变，否则无法改变基因，所以 a 需要经过长时间的等待才能变为 A。而 a 变为 A 后，该个体的基因组合为 A 和 b，又需要经过相当漫长的一段时间来期待偶然，b 才能变为 B。即使周围存在 b 先发生突变的情况，基因组合为 a 和

B 的个体也不能相互影响。只能依靠偶然，等待基因一个一个地改变。

而在有性生殖的种群中，第一阶段与无性繁殖的种群相同，a 变为 A 或 b 变为 B 都必须等待偶然的突变。而且基因组合同为 a 和 b 的个体，即使彼此间进行了有性生殖，也依然会保持原有的基因组合不变，但这之后的情况就会发生变化。某一瞬间会出现基因组合为 a、B 的个体以及基因组合为 A、b 的个体，它们之间通过有性生殖可以孕育出多种多样的后代，一部分后代就会同时拥有 A 和 B 的基因组合。首先，只要出现拥有 A（或 B）的个体，那么通过与拥有 B（或 A）的个体相结合，就可以在短时间内产生同时拥有 A 和 B 的个体。因此，相较于无性繁殖，有性生殖可以在种群内部更快地展开变异，所以更有利于种群。

另外，相较于无性繁殖种群，有性生殖种群消除恶性突变的能力也更为出色。假设某个体的基因发生了恶性突变，那么通过持续的无性繁殖，该个体所携带的恶性突变基因是几乎不可能再发生突变，回到正常状态的。它只能一直携带恶性突变基因艰难地存活，而且会一直产生和自己相同的、带有恶性突变基因的个体。如果一个个体内含有两个以上的恶性突变基因，那么它的命运将更为黑暗。发生过一次突变的部分再次发生突变的概率极小，其他部

反复对复印件进行复印，最终复印件的质量逐渐下降。无性繁殖与这样反复对复印件进行复印的过程极为相似

分发生新突变的概率相对较大。这就像对复印件进行复印，反复复印后，最终的复印件质量逐渐下降，最后有可能已经完全看不清上面的字迹了。无性繁殖就是这样逐渐累积恶性突变的过程。

在无性繁殖种群中，恶性突变逐渐扩散，导致整个种群崩溃。生物学家赫尔曼·约瑟夫·马勒把这种现象比作棘轮。

棘轮只能朝一个方向转动。当种群内部出现恶性突变，该无性繁殖种群的棘轮就只能走向灭亡。相反，在有

赫尔曼·约瑟夫·马勒用只能朝一个方向转动的棘轮来说明无性繁殖种群内恶性突变逐渐扩散，导致整个种群崩溃的现象

性生殖的种群内，则可以通过两个个体的交配，产生无数多样性，其中可能就有一种或然性是恶性突变的消失。相较于恶性突变基因再次发生偶然变异变回正常基因的可能，这种或然性的概率的确更大一些。

然而，认为性的出现只是为了种群利益的学者遇到了一个决定性问题。那就是分明是个体构成了种群，但他们从来没有考虑过个体的利益，而只考虑了种群整体的利益和损害。但是，难道不应该是先对个体有益，才能扩散到整个种群吗？也就是说，有性生殖不应该仅仅是对种群有

利，对个体也应该有利。真的是这样吗？

乍一看，有可能不理解性是为了有利于个体才进化的这一观点。有性生殖时，存在性的双重负担，雌配子和雄配子为了能够彼此相遇，从而产生一个新个体，耗费了大量能量。但对于个体来说，它们克服了重重困难，虽然后代的数量减半，但其适应性也得到了成倍的提升。并且，单独的个体是无法完成这件事的。

进化生物学家乔治·威廉斯强烈反对“性是为了种群利益而进化的”这一观点。他认为，性对个体同样有益，并用彩票来做比喻。无性繁殖就相当于买了 100 张数字组合相同的彩票，而有性生殖则是买了 50 张数字各不相同的彩票。假如每张中奖彩票的数字都不一样，那么当然是 50 张数字各不相同的彩票中奖概率更大。相较于无性繁殖所产下的 100 个相同的后代，50 个彼此不同的后代自然更能适应急剧变化的环境。

但是，应该如何理解环境巨变的条件尚不明确。而且，像高山地带这种气候变化更明显的地区，本应有更多通过有性生殖来繁衍的个体，但实际上，在湖泊等较为稳定的环境中，有性生殖反而更多。因此，如果说性是为了有利于个体而进化的，那么还需要其他证据来证明。

接下来，我们来谈谈一种出乎你意料的生物——寄生虫。为什么要突然提起寄生虫呢？先卖个关子。

傍晚时分，一群蚂蚁向草叶顶端爬去。这些蚂蚁直到凌晨还紧紧地咬着草叶，纹丝不动，像是正在进行某种极具深意的行动似的。然而，事实并非如此。蚂蚁这样做，很容易就被早上出来觅食的羊或牛吃掉。对于蚂蚁而言，这样做毫无益处，所以完全不能理解它们的行为。那么，蚂蚁为什么如此反常呢？秘密就在于一种叫作枝双腔吸虫的寄生虫。这种寄生虫的最大梦想就是能到达繁殖的乐园——羊的肠胃。但它自己没有腿，无法靠自己的力量实现梦想，所以就侵入了蚂蚁的大脑，操纵蚂蚁，让它被羊吃掉。这就是寄生虫可怕的能力。

如此可怕的事情不仅仅发生在昆虫世界，就连哺乳动物也难以幸免。普通的老鼠若是闻到猫尿的气味就能感知到猫的存在，从而逃得远远的。但感染了弓形虫的老鼠

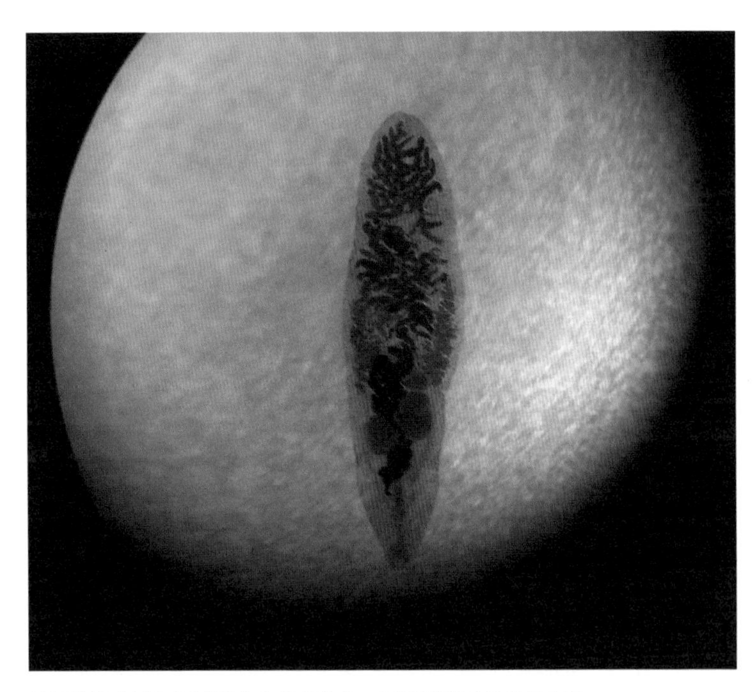

枝双腔吸虫不仅可以寄生在蚂蚁体内，还能够控制蚂蚁的大脑

就会无比大胆，完全感觉不到害怕。因为弓形虫以猫为终宿主，渴望进入猫的肠胃尽情繁殖，所以控制了老鼠的行动。

2012年，一部灾难电影《铁线虫入侵》风靡韩国。这部电影讲述了主人公在一种名为“变种铁线虫”的物体侵蚀人脑，控制人类跳入水中导致溺亡的危机下，和弟弟一同奋力拯救家人的故事。事实上，吞食昆虫内脏的铁线虫为了繁殖，的确会到水边去，但昆虫作为它的运输

枝双腔吸虫的生活史

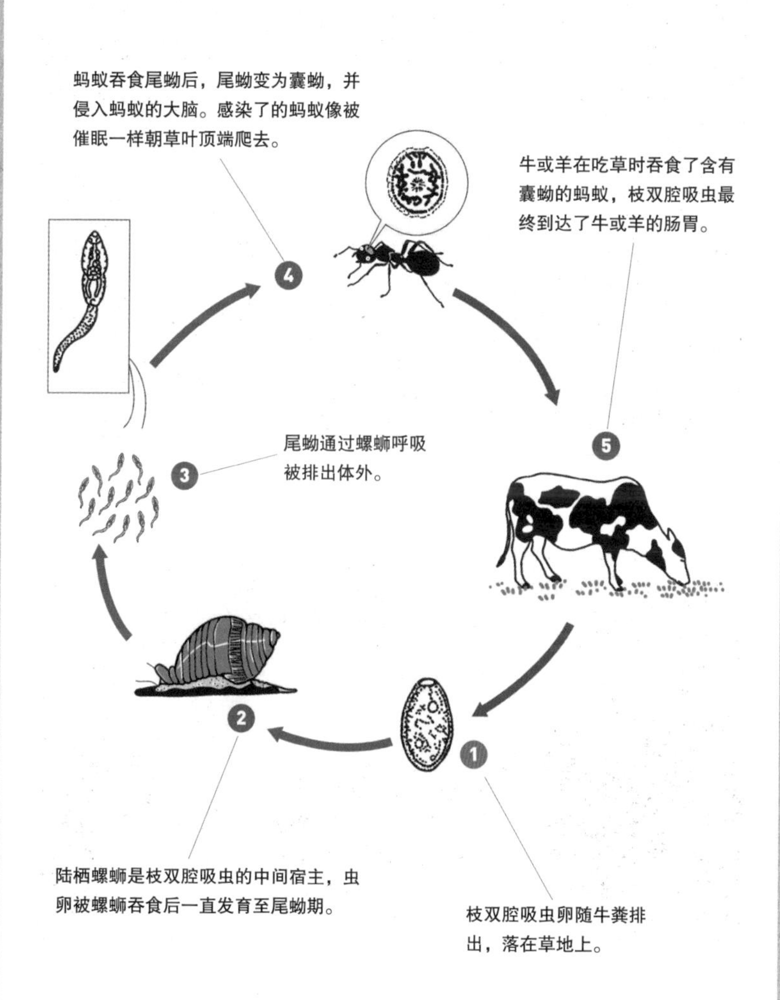

蚂蚁吞食尾蚴后，尾蚴变为囊蚴，并侵入蚂蚁的大脑。感染了的蚂蚁像被催眠一样朝草叶顶端爬去。
4
牛或羊在吃草时吞食了含有囊蚴的蚂蚁，枝双腔吸虫最终到达了牛或羊的肠胃。
5
尾蚴通过螺蛳呼吸被排出体外。
3
2
1
陆栖螺蛳是枝双腔吸虫的中间宿主，虫卵被螺蛳吞食后一直发育至尾蚴期。
枝双腔吸虫卵随牛粪排出，落在草地上。

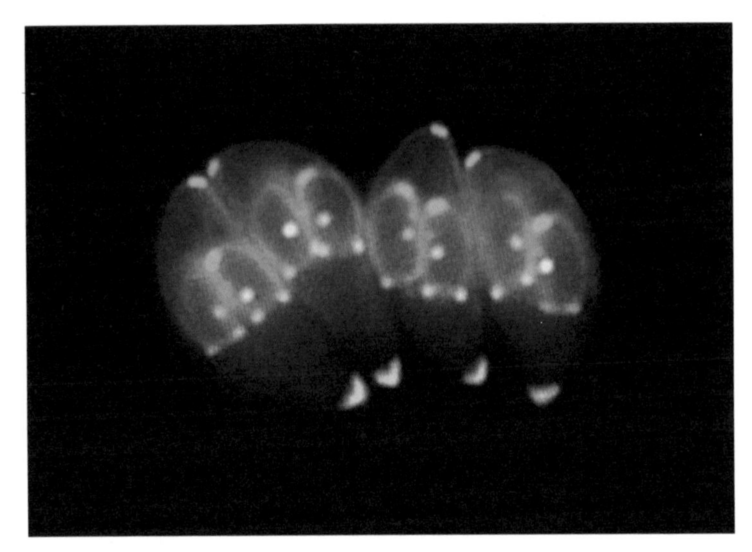

弓形虫是一种以猫为终宿主的寄生虫

感染了弓形虫的老鼠爬到了猫的头顶

电影《铁线虫入侵》海报

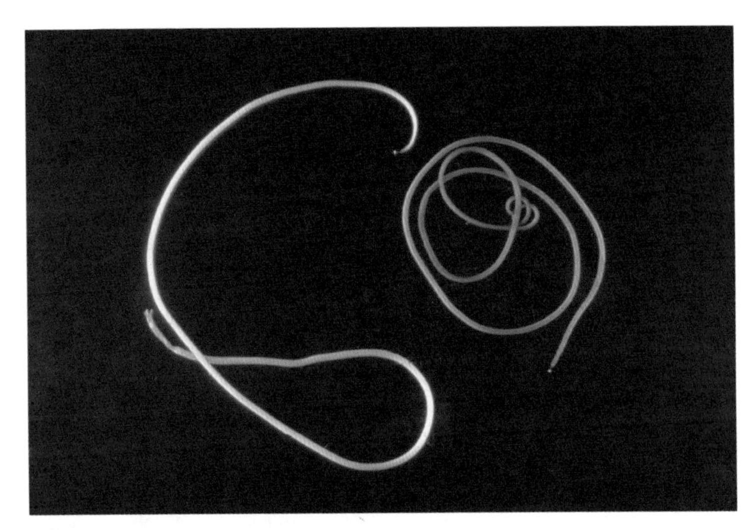
铁线虫，身体细长，形如铁丝，长度在 10~90 厘米不等

者，是绝对不可能自发走向水边的。据研究寄生虫的学者介绍，这是因为铁线虫在进入昆虫体内后会分泌出一种特殊的蛋白质，来控制该运输者的神经。

电影中的人类大脑感染了铁线虫，无意识地走向水边，其实这是电影的虚构。观众也都很好奇，这种寄生虫是否真的能控制人类的行动。当然，这是不可能的。不过，寄生虫的能力确实可怕。

有些感染了寄生虫的宿主会毫不反抗，静静地等待死亡。那么，宿主真的毫无还手之力吗？若真是如此，那世界上无数被寄生虫感染的生命体怕是早就灭绝了。宿主对寄生虫其实是有自己的应对之法的。可以说，寄生虫和宿

从宿主中出来的铁线虫，通常寄生在蚂蚱、蝈蝈、螳螂等昆虫身上

主是彼此厮杀但又能在某种程度上共存和进化的关系。

人类发明了驱虫药，希望将寄生虫赶尽杀绝。但寄生虫十分顽强，人类至今还没能成功。有时还会出现新的寄生虫或变异寄生虫，宿主和寄生虫之间的军备竞赛也似乎从未停止过。

令人惊讶的是，主张宿主因希望能在和寄生虫的军备竞赛中胜出，从而进化出了性的进化生物学家不在少数。他们根据刘易斯·卡罗尔《爱丽丝漫游奇境记》中的故事提出了“红皇后假说”。书中的爱丽丝被红皇后拉着飞快地奔跑，但奇怪的是，周围的景物完全没有变化。于是爱丽丝问道：“女皇陛下，为什么我们跑了这么久却还在原地呢？”红皇后回答说：“在这个国度中，必须不停地奔跑，才能使你保持在原地。”正如中国的一句名言所说，“逆水行舟，不进则退”，寄生虫与宿主之间的军备竞赛也是如此。

威廉·哈密顿被誉为20世纪最伟大的生物学家。他提出，相较于独立生存的物种，寄生虫的数量竟是其四倍

宿主为了能在与寄生虫的军备竞赛中胜出，从而进化出了性——红皇后假说

之多。他还主张，在寄生虫与宿主的残酷竞争中，性为个体带来了极大的利益。根据这一观点，可以说我们不应与父母完全相同的原因或理由，是父母遭到了寄生虫的集体折磨。

据研究寄生虫的学者介绍，全世界的人口中约有20亿人感染了至少一种寄生虫。在热带地区的动植物体内，有20种寄生虫的情况也十分常见。同时，寄生虫的寿命短暂，种群大小变化明显，对于宿主的适应时间也很短。因此，为了抵抗寄生虫，宿主需要强有力的武器，也就是性。

生物的有性生殖相当于为生物建立了一道坚实的免疫系统。在免疫系统中，抗体担负着最重要的职责，它能够抵御各种抗原的入侵，因为它本身就具有多样性。假如某生物是通过无性繁殖来繁衍的，寄生虫的数量又庞大，那么它对寄生虫的胜率就很低，一旦感染寄生虫，就很有可能毫无还手之力。这就相当于是几乎没有能抵御抗原能力的抗体，被抗原击败的概率自然很大。因此，不仅仅是该生物个体本身，还有它的后代，甚至它的种群都会陷入险境。

但是，通过有性生殖繁衍的生物就不会出现这种情况。因为彼此各不相同，能够战胜寄生虫的个体也有很多。这与强大的免疫系统原理很相似，抗体有无数种，可以抵御大部分抗原。当然，也会存在感染了寄生虫的个体，但它可以通过有性生殖，把将这种威胁传给后代的可能性降到最低。

总之，相较于无性繁殖，有性生殖无论是在种群还是个体的角度，都更为有利。

查尔斯·达尔文

1809年，查尔斯·达尔文出生在英国小城什罗普郡郡治什鲁斯伯里。1825年，他进入爱丁堡大学攻读医学，但因无意学医，两年后退学了。1828年，他又进入剑桥大学，改学神学。然而，达尔文依旧“身在曹营心在汉”。与解释《圣经》相比，他对甲虫的分类更感兴趣。当时他最关心的是“怎样才能离开英国，去生命体繁多的热带雨林探险”。1831年，达尔文终于有机会搭乘“贝格尔号”去往他心心念念的南美洲。待1836年回国时，达尔文不仅去过了南美，还到访了南太平洋上的加拉帕戈斯群岛和澳大利亚。特别是在加拉帕戈斯群岛上，他通过观察到的许多例子，确立了进化论的基础。1839年，他以自己的探险为背景出版了《贝格尔号航海志》。几经周折，他终于在1859年出版了他最为知名的《物种起源》，轰动全世界。达尔文在这本书中提出了生物进化论学说，主张生命体都是借助自然选

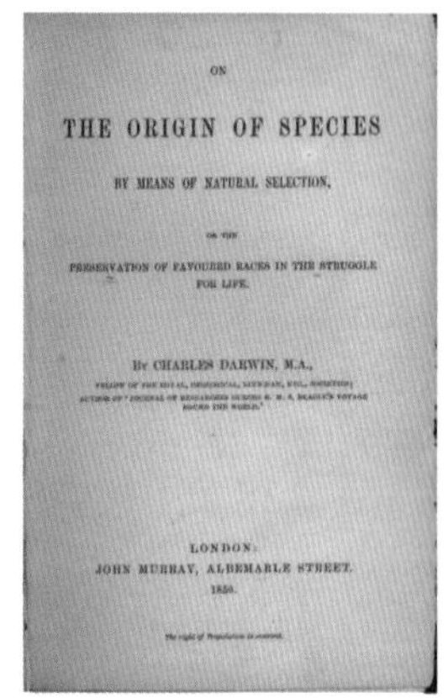

ON

THE ORIGIN OF SPECIES

BY MEANS OF NATURAL SELECTION,

OR THE

PRESERVATION OF FAVOURED RACES IN THE STRUGGLE FOR LIFE.

By CHARLES DARWIN, M.A.,

LONDON:
JOHN MURRAY, ALBEMARLE STREET.
1859.

查尔斯·达尔文与《物种起源》初版封面

择进化的。他不仅举了大量例子予以说明，还列出了预想到的种种反驳，再一一探讨，展现了一个完美主义者的风貌。后来，他又出版了《动物和植物在家养下的变异》、《人类的由来及性选择》以及《人类和动物的表情》等作品。《物种起源》中所揭示的自然选择理论在科学的历史上是最伟大的理论之一。同时，它的逻辑结构简单易懂，就连小学生也可以充分理解。据达尔文所言，自然选择会在满足以下四种条件时自动发生：

1. 与实际存活数相比，所有生命体都会选择孕育更多的后代；

2. 即使是同种个体，也会有各自不同的基因；

3. 具有特性的个体比其他个体的环境适应性更强；

4. 基因至少会传给后代一部分。

若满足这些条件，某些个体群内部的基因频率[1]会随时间的流逝而发生变化。若经过相当长的一段时间，就会产生新的物种。这就是达尔文所揭示的依据自然选择而进化的核心。

同时，达尔文还发现，与生存无关或者会妨碍生存的基因也会进化。他把这称为性选择，该理论揭示了为繁殖而战的竞争机制。他还提出了雌性选择理论和雄性竞争理论。雌性选择理论认为，繁殖的决定权

1 基因频率是指在一个种群基因库中，某个基因占全部等位基因数的比率。——译者注

掌握在雌性手中。而雄性竞争理论认为，雄性若想得到雌性的选择，只有竞争这一条道路。就像雄孔雀美丽的羽毛其实对生存并无益处，但若雌孔雀喜欢，雄孔雀就能进化。在动物界中，虽然大多时候是雌性拥有繁殖选择权，但也有像摩门蟋蟀一样的特例，一些十分努力求偶的雄性摩门蟋蟀偶尔也可以拥有选择权。1882 年，达尔文因心脏病恶化，在达温宅逝世。其进化论对 19 世纪以后的自然观和世界观的变革产生了深远影响。

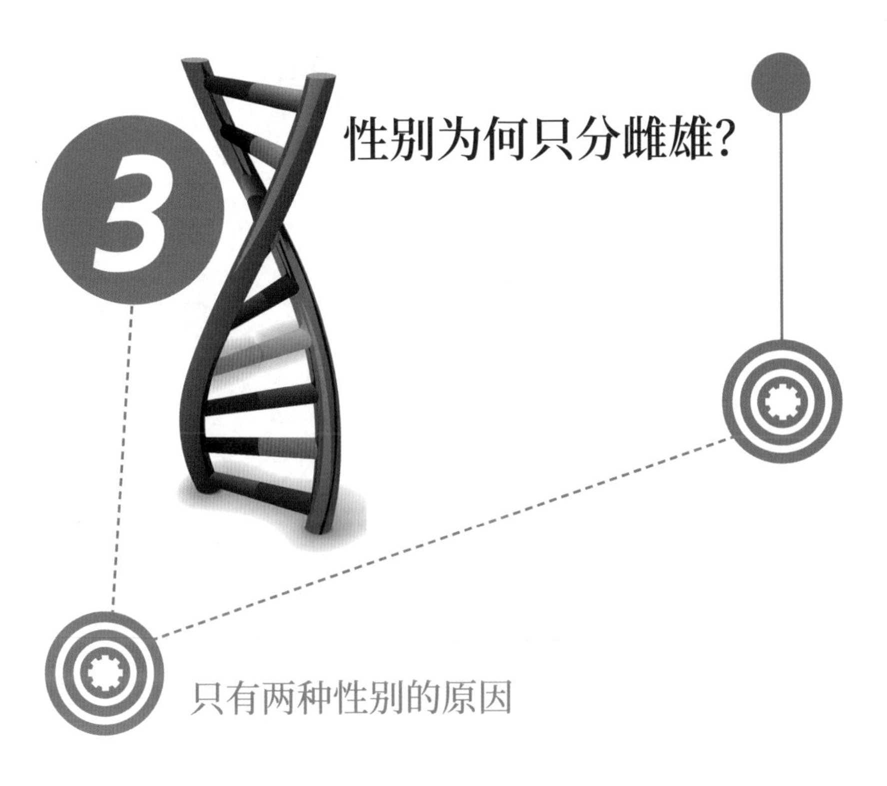

3 性别为何只分雌雄？

只有两种性别的原因

人类的知识就是在不断地提出问题、解决问题的过程中得到发展的。众所周知，自然界中只有两种性别。以动物为例，生殖细胞只有卵子和精子。那么，性别为什么不是三四种，偏偏只有两种呢？这么理所当然的事情，现在作为一个问题提出来，你是否也会觉得有些不知道该如何回答呢？

假设动物的生殖细胞除卵子和精子外还有第三种，我们暂时把它叫作“旁子”。线粒体是细胞的发电站，并且只能通过卵子传给后代。换句话说就是，精子中的线粒体无法传给孩子，所有的真核生物都是如此。当然，细胞核

内的染色体是从卵子和精子中各取一半得来的。在这种情况下，如果存在第三种生殖细胞，那么问题就会变得十分复杂。正常情况下，只要从卵子中得到线粒体即可，但若旁子也不想放弃自己的线粒体，与卵子融合，就会出现有两个受精卵的情况。这会使得生命系统不稳定，绝非良策。所以，科学家认为，为了生命系统的稳定，交配型有且只有两种。

那么，大家知道应该根据什么来区分男女或雌雄吗？是根据体形，体形大的是雄性，体形小的是雌性？还是根据生殖器的位置，生殖器在外的是雄性，在内的是雌性？叮！回答错误！区分雌雄的关键在于性细胞。成熟的性细胞被称为配子，配子又分为雄配子和雌配子。动植物的雄配子通常被称为精子，雌配子被称为卵细胞。而精子的体积小，卵细胞的体积大。

卵细胞内含有丰富的养分，并且不可游动，而精子可以游动。除体积和运动性差异外，二者在数量上也有很大的不同。以人类为例，男性每小时大约可以产生 1 200 万个精子，每次射精会排出 2 亿多个精子，但女性一生也只能产生 400 个左右成熟的卵细胞。

为何会有如此大的差距呢？为了简要说明这一问题，美国佐治亚理工学院的戴维·杜森伯里提出了一个假设。

如果深夜在山中迷路的人来回走，那么别人就更不容易找到他。所以，最好的办法就是待在原地，等待救援人员的到来。同时，救援人员需要身姿矫健，且人数越多越好。再加上迷路的人一直大声喊叫，救援人员就更容易接收到信号，从而找到他。

在这个假设中，“迷路的人”就是卵细胞，“救援人员”则是精子。简单来说，卵细胞停留在某地并分泌某种物质，精子在感知到这种物质后会努力向卵细胞周围移动。卵细胞为了分泌出更多物质，体积越来越大，体内的养分也随之增多。受精后，当受精卵发育时，就可以为其提供能量。

很久以前，部分卵细胞发生了一次突变，使得体积增大。体积变大后的卵细胞更有利于繁殖，所以这部分个体得以更好地存活。卵细胞体积的增大，也为精子减轻了负担。即卵细胞可以储藏更多的能量，而精子只需要有能供给它本身移动的最少能量即可。因此，精子的体积逐渐变小，但数量却慢慢增多。久而久之，精子只需要完成向卵细胞移动这一任务。因此，进化使得卵细胞的体积逐渐增大，精子的移动性增强，数量增多。

性细胞的体积差异改变了什么？

性细胞的体积差异对生命的历史产生了怎样的影响？

进化生物学家认为，这产生了与性有关的矛盾和妥协。若想理解其中的内涵，先让我们来了解一下两个生物学理论——性选择理论和亲代投资理论。

性选择理论是由达尔文首次提出的，它认为通常两性中的某一性别个体为获得与异性的交配权，会与种群中的其他同性竞争。得到交配权的个体就能繁殖后代，从而有利于竞争的性状逐渐巩固和发展。以雄性为例，性选择的性状包括两个方面。一是有关雄性个体用来搏斗的。搏斗胜利的雄性个体获得交配权，从而阻止其他同性与该雌性进行交配，自己就能够留下更多的后代。另一方面是有关雄性特征的。此时若想获得交配权，就必须吸引异性的关注，不断向异性散发自己的魅力。被异性选中后，就能比其他同性个体在繁殖层面上获得更大优势。

伟大的进化生物学家罗伯特·特里弗斯提出了亲代投资理论，对性选择的两种因素，即同性竞争和异性选择是如何发挥作用的做了理论层面的解读。根据这一理论，对后代投入更多的性别在择偶时更挑剔。相反，对后代投入较少的性别在择偶时会与同性进行更激烈的竞争。而在包括人类在内的大部分物种中，对后代投入更多的一般是雌性。因此，雌性更具挑剔性，雄性则更具进攻性。

然而，准确地说，雌性比雄性对后代的投入更多并不是生物学法则。所以，特里弗斯在论述时并没有说“在

雄性摩门蟋蟀孕育出了一个占自身体重近 27% 的巨大精囊。这个精囊代表了雄性的主要投资，而雌性为了争夺最大的精囊，通常会发生非常激烈的竞争。如此可以看出，自然界中也存在雄性比雌性对后代投入更多的情况

择偶时，雌性比雄性更为挑剔”，而是说“在择偶时，对后代投入更多的性别会更挑剔”。事实上，像摩门蟋蟀、海龙和海马等一些生物，雄性对后代的投入反而比雌性更多。雄性摩门蟋蟀拥有富含养分的巨大精囊，而为了制造这一精囊，雄性必须吞食和消化相当多的食物，承受着极大的负担。在这种情况下，反而是雌性为了寻找伴侣，会与同性彼此竞争。亲代投资的比重与一般情况相反时，雄性在挑选伴侣时会表现出更为挑剔的态度。

接下来，让我们将目光聚焦到哺乳类动物身上。在亲代投资中，雄性哺乳动物只是完成了一次性交，而雌性哺乳动物不仅要产生卵细胞，在自己体内完成受精，还需要忍受几个月的孕期，甚至在生产时还要在鬼门关前走一遭，二者毫无可比性。

同时，雌性的亲代投资还远没有结束，至少也会一直抚养幼崽，直至断奶。更不用说若在断奶之后继续抚养，

雌性需要承受多么大的负担。

妊娠、生产、哺乳、育儿、保护，以及为幼崽提供食物，等等，都会消耗非常多的能量。这也是不能给予任何人的重要繁殖资源，绝不能随意使用。为此，必须找到一个拥有优质基因的雄性来交配，并且在雌性养育幼崽时，若该雄性能在身心两方面都给予雌性帮助，那就再好不过了。

但假如某种雌性因其习性而在择偶时比较随意，那么相较于较为慎重的雌性，它的繁殖成功率会比较低。等到它不能再生育时，留下的后代数量也会相对较少。从遥远的过去开始，大自然就会选择让在挑选伴侣时比较慎重的雌性活下来，相反就会被淘汰。总之，现在的雌性在择偶时比较谨慎，就是因为经历了这样一个进化的过程。

相较于雌性，雄性在挑选伴侣时就没有那么慎重了。因为雄性即使是和一个繁殖能力比较差的雌性交配，也没有太大的损失，不过是几滴精液、短暂的时间和一点点体力罢了。但这并不是说雄性就完全不在乎交配的对象，它们也想找一个健康、优秀的雌性，好把自己的基因长长久久地传下去。而雌性的初期亲代投资是其本身最珍贵的繁殖资源。因此，雄性为了争夺资源丰富的雌性，自然会与同性展开激烈的竞争。

再来说说雄孔雀的美丽羽毛。动物行为学家对雌孔雀

究竟喜欢何种雄性进行了研究。结果发现，决定雄孔雀求偶成功率的要素有三点：花纹的鲜明程度、花纹的数量，以及羽毛的长度。花纹越鲜明、数量越多、羽毛越长的雄孔雀，越能够获得雌孔雀的喜爱。公鸡的鸡冠、雄性艾草松鸡鼓胀的气囊、雄性北象海豹的巨大体形、雄性麝牛威力巨大的牛角都是为了赢得雌性的芳心。并且，它们有一个共同点，那就是都为此付出了极大的努力或代价。雄孔雀若想拥有长长的、毛色鲜亮的羽毛，必须使自己时刻保持健康，不能感染寄生虫。公鸡若想在母鸡面前展示自己夺目的鸡冠，必须强壮起来，以克服睾酮所带来的免疫力低下问题。艾草松鸡若想鼓起胸前的黄色气囊，必须拥有非常良好的身体能效。它们向雌性发送这些“昂贵”的信号来表示自己的真诚，这些信号都是弱者绝对不可能拥有或模仿出来的。雌性会本能地注意这些信号，从而来决定自己的配偶。

人类也是如此吗？假如有观察人类行为的外星人科学家，他们应该会回答：“是。”月薪 90 万韩元（约合 5 000 元）的男性为了表达自己的爱，痛快地给心爱的女朋友买了一个 180 万韩元（约合 1 万元）名牌包，这就属于“昂贵”的信号。收到这一信号的女性也会强烈地感觉到这个男人是真的爱她。

即使在远处也能引人注目的雄孔雀尾羽。从生存的角度来说，孔雀的尾巴很有可能成为致命的存在。达尔文十分不理解孔雀为什么会需要尾巴，最终他提出了性选择理论

4 生命体的殊死搏斗

——为保存基因而战

所有的生命体皆有一死，因此，若想保存自己的基因，只能将其传给自己的后代。为了完成这一夙愿，各种生物展开了殊死搏斗，纷纷为此而战。本章将开办一个动物的性咨询中心，通过来访的动物们的故事，讲述生态系统内的各种繁殖行为。

别有用心的雌性

博士：您是燕子吧。快请进！

燕子：博士您好，我叫杰克。

博士：您好，您有什么事吗？

燕子：博士，我太伤心了，没法活了。我特别特别爱我的妻子，但最近对她总是有点怀疑……所以那个……

博士：杰克，您要是方便的话，不妨说一说。

燕子：您也看到了，我的尾羽不是很长。每次有尾羽长的雄燕经过我们家巢的时候，唉，我妻子的眼里都放光。其实我也怀疑我儿子到底是不是我的，为什么长得和我一点都不像呢？

博士：我说实话，您别伤心，令郎有可能不是您的亲儿子。本来雌燕在选择雄燕时，就对尾羽的长度比较在意，这也是因为尾羽长且匀称代表对寄生虫的抵抗力也比较强。嗯……杰克，您的尾羽也不算短。但您夫人在和您结婚之前或之后，有可能遇到了比您尾羽更长、更漂亮的雄燕，和他交尾了。虽然还是得进行 DNA 鉴定才能有个准确的结果，但令郎长大后，若是比您的尾羽还要再长一些的话，那就有些值得怀疑了。您也不要太难过，其实很多鸟类，不论雌雄，都会存在有外遇的现象。说实话，您就能保证您从来没有犯过错误吗？

燕子：那个……所以……

一直以来，研究动物行为的学者认为，雄性有外遇的

情况更多，而雌性比较自重。但在 20 世纪 80 年代，随着遗传技术越来越发达，学者们发现事实并不像人们想象的那样。鸟类研究学者对许多鸟类的 DNA 进行了分析研究，结果令人大跌眼镜。即使是在人们长期以来认为是一夫一妻制的鸟类中，都有一部分父亲与孩子的基因不一致，帮别人抚养孩子的雄性足足达到了 55%。雌性有外遇的现象不只存在于鸟类当中，在大部分动物中都存在。

那么，动物为什么会进化出这种行为呢？假设所有生命体存在的理由就是为了留下自己的基因，那么答案就显而易见了。雌雄之间有着完全不同的生殖构造，在大部分物种当中，雌性负责妊娠和育儿，更不用说雌性哺乳类动物还要怀胎数月，生产后还要哺乳。

就连养育幼崽时费时不多的昆虫或鱼类也不例外。相较于产卵时所耗费的能量，产生精子时所需的能量完全不值一提。因此，随着不断进化，雌性比雄性在择偶时更为慎重，但有时也会被看起来更健康的雄性（以燕子为例，就是尾羽更长的雄性）诱惑。雌性为了让孩子拥有更好的基因，就本能地和外遇对象交尾了。这就是为什么在择偶时更慎重的雌性偶尔也会有外遇。另外，因为有外遇，所以后代更优秀、更强大的雌性，它的基因相较于没有外遇的雌性保留的时间更久。因此，在现在地球上的大部分物种中，雌性都没有看起来那么贤良淑德。

增加精子数吧！

海马：博士，您好，我叫海植。

博士：您好，您到我们中心来有什么事吗？

海马：博士，您也知道，我是雄性，但为什么我们海马就是由雄性来妊娠的呀？我们雄海马要负责在育儿袋里给卵子受精，还要一直等到它发育成形，特别不方便。是不是因为我们的精子数比较少呀？

博士：首先，我对您的苦恼表示理解。但您夫人托了您的福，可以就此舒心地生活，这不也是一件好事吗？其他生物基本上都是由雌性来完成妊娠，您肯定非常理解雌性要经受多大的磨难吧？

海马：（点头）

博士：海马由雄性完成妊娠，是因为只有雄性才有育儿袋。而精子数量少，与其说是原因，不如说是结果。大部分生物的雄性都要经过“精子竞争”，因为雌性体内很有可能还有其他雄性的精子。若想让自己的精子与卵子结合，那么精子的数量自然越多越有利。举例来说，黄粪蝇哪怕仅仅过了几代，它的睾丸大小都会有明显的增大，而睾丸的大小代表了精子数的多少。但是，像海植你一样的海马就不同了，你们是在雄性的体内受精，所以行为上自然也与其他动物有些不同。大部分动物都是雄性为了一个雌性而竞争，而海马则是雌性之间彼此竞争。这样说，你能明白为什么你的精子数比较少了吗？

海马：大概明白了……您能再解释一下吗？

博士：海马的精子数少，是因为你们不需要经过精子竞争。海植，你也肯定知道，在繁殖期，雌雄海马交尾时，雌海马会把卵子释放到育儿袋里。雄海马只要有和卵子数量相当的精子就足够了，所以不需要那么多精子。

在爸爸的肚子
里养宝宝？

海马，因头呈马头状而得名。全身完全由膜骨片包裹，雄性腹部有育儿袋，雌性会在育儿袋中释放卵子，由雄性负责孵化

在自然界，大部分动物会为占有雌性而进行竞争。但即使突破了层层阻碍最终获得胜利，也不能保证雌性产下的孩子就一定会有自己的基因。因为雌性体内可能已经有了其他精子，或者之后又有别的精子进入，所以自己的精子参与受精，简直就像是中彩票一样。

彩票组合买得越多，中奖的可能性就越大。同样，自己的精子数量越多，受精成功的概率自然也就越大。因此，雄性在进化的过程中，其精子数量不断增多。精子数量多的雄性，其基因也被更好地保存了下来。

人类男性每次射精排出约 1.8 亿个精子，而身长不到

10 厘米的鹪鹩一次却能排出 80 亿个精子。学者们认为，物种的交配伴侣越多，其雄性的精子数也就越多。他们还发现，某种灵长类生物的睾丸大小，与雌性的伴侣数量成比例关系。

雌雄间的军备竞赛

博士：下一位请进。

果蝇：博士您好，我叫帕里斯·赵。我对雄性感到非常头疼。博士，您也知道，我需要有优质基因的雄性。但是，在雄性射精排出的精液里，竟然有能让其他雄性的精子动弹不得的物质，甚至还有能让我生育能力减弱的有毒物，我也真是无语了。

博士：我也觉得很荒唐，那夫人您是怎么办的呢？

果蝇：所以我只好建立了一个防御体系，来中和精液中的有毒物质。但是，我越防御，雄性排出的物质毒性就越强，我就只好使用更强效的中和剂，这完全是个没有尽头的竞赛呀。况且，雄性在我体内留下的毒素对我毫无益处，不是吗？他们也不会照顾孩子，就知道到处留情，真是一群自私的家伙。

博士：帕里斯夫人，您也消消气。雄性确实是自私的。对他们而言，多多留下子孙后代就是一生中最大的目标。但真的只能谴责他们吗？雌性不也是带着同样的目的对待雄性的吗？从某种角度看，其实雄性的战略很凄惨。他们总是担心和自己交配过的雌性还会不会和别的雄性交配，所以才释放了那种有毒物。这其实就相当于为了提高自己的中奖率，将别人准备抽奖的彩票都扔掉了。不知道您清不清楚，有些雄性还会排出让雌性加速产卵的物质。因为产卵速度越快，和其他雄性交配的概率也就越小。这么来看，是不是觉得雄性间的搏斗还有点可怜？所以希望您也不要太讨厌雄性。

繁殖竞争不仅存在于雄性之间，雌性与雄性间的搏斗也十分恐怖。这是因为二者虽然目的相同，但进化方向却相反。某种兔子、松鼠和鹿的雌性会为了在交尾后还能和其他雄性再交尾，将大部分精液排出体外。如此一来，它们一天就可以与很多雄性交尾，得到各种精子，生出基因各不相同的后代。许多物种的雌性都会为了让基因更优质的精子为自己的卵子受精，展开一场精子竞赛。

然而，其实雌性的生殖器官与我们的想象不同，它与精子是敌对关系。以人类为例，女性的阴道内充斥着酸性物质。在这种环境中，大多数精子会无法存活，且子宫颈分泌出的黏液对于精子来说也非常危险。同时，免疫细胞还会启动防御机制，白细胞也可以破坏精子。因为这些致命障碍物的百般阻挠，最终到达输卵管的精子也仅剩几百个。从将近2亿个精子中脱颖而出，在女性体内生存下来，现在看来有多么不易。能到达卵子附近的，又是一场战争。

所以，其实大部分精子还未能接近卵子就都战死了，这又有什么好处呢？大概是因为想让在战争当中生存下来的强大精子和卵子结合吧。当然，从雌性的立场上来看，这可以说是一种先天的免疫系统，为了防御外部物质的进入。包括人类在内的哺乳类动物的精液中含有一种能使雌性的免疫反应下降的物质。彼此间反复进行攻击和防御，是否让你震惊呢？

蜜蜂可以将这种军备竞赛更加淋漓尽致地表现出来。蜜蜂在进入繁殖期后，无数雄蜂会为蜂王展开激烈的争夺战。蜂王一生只在那几天内进行交尾，且交尾次数仅有十几次。所以对雄蜂而言，此时不战，便再无机会。但竞争者的数量实在是太多了，战争的激烈程度可谓惨绝人寰。因此，能成功和蜂王交尾的雄蜂，死而无憾。

实际上，也确实有雄蜂将自己的生殖器留在蜂王体内后就死去了。这只雄蜂难道是在想“啊，我和女王交尾了！这是多么无上的光荣，我死也甘愿”，然后就自杀了？其实这是雄蜂为了阻止蜂王和其他雄性交尾才出此下策。换言之，就是为了让自己的精子能多和蜂王的卵子受精。

然而，蜂王并不会如它所愿停止交尾，而是会自行拔出该雄蜂的生殖器，或让工蜂帮忙拔出。通过此类连续的攻击和反击，生命体进化出了与繁殖相关的行为。

生存还是毁灭，这是一个问题

红背蜘蛛：您好，我是从澳大利亚来的洪百剑。

博　　士：啊，吓我一跳！您是那个有剧毒的红背蜘蛛吗？

红背蜘蛛：博士，您放心，我不会咬您的，您听我说。我的好几个朋友最近都去世了，当时他们在交尾。我听到死讯后就急急忙忙地赶过去，结果就在雌性蜘蛛窝附近发现了我朋友的壳，其他什么都不剩了。我也想交尾，但必须要送命吗？真的只能这样吗？看不到孩子一眼，就在交尾的过程中被雌性吃掉了？

博　　士：首先，向您的朋友表示深切哀悼。其实，雄性红背蜘蛛在交尾时是否会被雌性吸食，这取决于雌性。如果雌性比较饥饿，那么她就会吃掉雄性，反之也有可能不吃。但是，不被吃掉也不见得是件好事，挺矛盾的吧？

红背蜘蛛：嗯？什么意思？

博　　士：我来给您解释一下。雄性红背蜘蛛一生只能交尾一次，因为您的生殖器会留在雌性体内。即使您和一个不饥饿的雌性交尾，并活了下来，但您以后也不能再交尾了。所以，既然这机会一生只有一次，那就要好好利用。换言之，既然开始了交

红背蜘蛛腹部有一条明显的红色花纹，雌性会在交尾过程中吸食雄性的身体

配，那就要尽到自己的使命，让拥有自己基因的后代越多越好。雌性红背蜘蛛在交尾过程中会吸食雄性的身体，但若雌性并不饥饿，没有吃掉雄性的话，那么交尾时间自然就短，雄性也就没有充足的时间把自己的精子留在雌性体内。相反，交尾时间长，雄性也就有充足的时间把自己的精子传给雌性，但最后会被雌性当作食物饱餐。虽然很遗憾，但这是个非此即彼的选择题，你的朋友们都选择了后者。

红背蜘蛛：听了您的话，我明白了。我也需要考虑一下，我自己的生命和诞生更多后代相比，到底哪个更重要。

为提高自己精子的受精概率而牺牲生命的动物除红背蜘蛛外还有很多，螳螂、蚊子和蝎子等80余种节肢动物都是如此。研究人员将一对螳螂放入实验室，使其交尾。相比自然条件，其交尾时间确实更长，事后，公螳螂没能幸存。在自然状态下，公螳螂在交尾结束后就急于逃离母螳螂的视线。它当然也明白，若是被母螳螂抓住，那就只有死路一条。而在实验室中，没有能帮助公螳螂避难的场所或物品，所以它只能放弃生命。

除了逃跑，为防止自己在交配过程中被雌性吞食，雄性还发明了很多种“盾牌”。有些雄蜘蛛的口腔内有许多刺，这些刺可以帮助它们固定住雌性的下巴。还有一些雄蜘蛛会在交尾前诱使雌性拔掉自己的角，银斑蛛就是如此。雌性在吸食雄角中的物质后，在交尾过程中会陷入幻觉，雄性就趁机将自己的精液以最快的速度射到雌性体内，然后马上消失。但像红背蜘蛛这种一生只能交尾一次的生物，防御战略就不甚发达。它们为利用好这仅有的一次机会，欣然选择献出自己的生命。

虐杀幼崽的残忍雄性

狮子：您好，我是从非洲来的萨拉。

博士：很高兴见到您，萨拉。

狮子：博士，我的烦恼……先来说说之前的事吧。不久前，有几头年轻的雄狮来到我们狮群，我们的雄狮战败后被赶走了，他们就占领了我们狮群。结果发生了令人毛骨悚然的事情，那些雄狮杀了我们的孩子。当然，我们自然也不会袖手旁观，孩子们也都奋起抵抗……但最终我还是没能护住我的孩子。唉，我可怜的孩子……

博士：原来是这样，您得多伤心哪，我也很惋惜。

狮子：谢谢您安慰我。但更大的问题是……所以，这……

博士：萨拉，方便的话，您不妨说一说。

狮子：我儿子死后不久，我连伤心的工夫都没有就开始发情了。那还不是普通的发情，把雄狮都累倒了。我自己都不清楚，又和其他雄狮交配了。博士，我是不是很奇怪呀？

博士：不是这样的，您的行为对于雌狮来说非常正常，所以不必自责。自己幼崽的死亡会刺激雌狮，诱使你想去怀孕。而且狮子比较特殊，一般情况的交配很难孕育幼崽，所以为了提高怀孕的可能性，就需要进行比平时多百倍的交配，这是本能。

在动物世界中，雄性有时会无情地杀掉没有自己基因的幼小个体。很残忍吧？狮子就是其中的典型。狮子是群居性动物，一般一个狮群内会有三四头雄狮、十几头雌狮，还有一些幼崽。等到雄狮幼崽长大后，成年雄狮就会将它们驱逐出去。雄狮幼崽就会转移到其他地方，寻找要攻击的目标。若发现比较弱的狮群，年轻的狮子们就会行动，攻击狮群内的雄狮，将它们都驱逐后占领狮群，并且残忍杀害原有的幼崽。

究竟为什么会做出如此残忍的事？这其实也是进化的结果，希望能够留下有自己基因的后代。原来狮群内的幼崽不可能拥有自己的基因，而有幼崽的雌狮是不会再想怀

“兽中之王”——狮子生活在草原上，一般 4~6 头为一群。雌狮主要负责狩猎，而雄狮负责守卫领地

孕的，所以雄狮就创造了这样的环境。

失去幼崽的雌狮无法哺乳，可一旦停止哺乳，会立刻进入发情期。雌狮会首先和狮群里领头的雄狮进行交配，一天大约要交配 100 次，一般至少会持续两天。在和领头的雄狮交配结束后，雌狮会按照狮群内的顺序和下一头雄狮交配，直至和整个狮群内的雄狮都交配完成。因此，雌狮所产下的幼崽无法分辨出其父亲，雄狮也不知道狮群中出生的孩子是不是自己的，所以就不会杀掉自己狮群内的幼崽。这真是一个冷酷而自私的基因世界。

植物中的欺诈犯

黄蜂：博士，谢谢您来到这里。

博士：没事，为有困难的动物解决问题是我的工作，我当然得来。我能见一见那只雌黄蜂吗？

黄蜂：当然可以，就在这儿。

博士：哈哈哈，果然像我想的那样。这不是雌黄蜂。

黄蜂：啊？您说她不是雌黄蜂？但无论长相还是气味，她都肯定是雌黄蜂啊！

博士：雄黄蜂确实会像您这么认为，但其实她是黄蜂兰花，是长得很像雌黄蜂的一种兰花。

黄蜂：啊！原来我被植物骗了。

黄蜂的一封信

博士您好！

我叫尼那努兰达，是一只黄蜂。久仰大名，一直想和您联系，到现在才给您写了这封信。

博士，前不久，我经历了一件事，感觉很困惑。有一只漂亮的雌黄蜂散发着阵阵香气，静静地坐在那里，我就对她展开了爱情攻势，但她没什么回应。所以过了一会儿，我又去看了看，结果还是一样。如果不喜欢我的话，她直接走掉就好了，为什么还要静静坐在那里又一句话都不说呢？

博士，您能来帮我看一看吗？

博士：虽然很遗憾，但确实是这样。兰科植物会用很巧妙的方式来孕育后代，也就是用骗术。这种兰花的大小、外观、颜色和气味都与雌黄蜂非常相近，且开花期正好和雌黄蜂的发情期重合，它就会伪装成雌黄蜂。所以，您要是不想白白浪费精力，最好仔细确认她到底是雌黄蜂，还是伪装的骗子植物。

兰科植物在植物群中的规模最大，世界上有 2.5 万余种，被认为是单子叶植物中最富进化能力的高等植物。因其与众不同的清丽之美，它在历史上颇受人喜爱，有许多盛赞兰花品格高洁的诗句。在植物学界，这种兰花也颇具名气。但不是因为其清高优雅，而是因为其善于玩弄权术。为留下拥有自己基因的后代使尽浑身解数，从不是动物的专利，无法移动的植物会采取各种令人震惊的伪装战术。兰花的一种骗术便是伪装成雌黄蜂。上当的雄黄蜂会飞到它身上，自然会碰到花粉囊。结果，雄黄蜂没能成功交尾，只好带着一身花粉离开，无意中成了为其他黄蜂兰花授粉的红娘。

通常，开花的植物也会以花朵美丽的颜色和醉人的香气来诱惑昆虫，但也会给它们提供花蜜，是一种互相帮助的关系。某些热心的兰花还能够酿出雄蜂向雌蜂求婚时所需的香料。兰花为雄蜂提供该香料，但雄蜂靠得近时就会沾上花粉。但如此正直的兰花现在已经很少见了，大部分兰花都非常吝啬，只想利用昆虫。因为制造花蜜需要耗费很多能量，所以兰花就向使用伪装术的方向进化了。

在美国山区中有许多兰花，它们用艳丽的外表和甜甜的香气来诱惑昆虫。但仔细观察，你会发现，这种花其实并没有花蜜。不知自己已然上当的蜜蜂为获取花蜜落在花瓣上，随后另一侧的花瓣就会将蜜蜂包裹住。蜜蜂若想从花中成功逃出，花粉囊就是它的必经之路。结果虽然有一部分蜜蜂成功脱逃，但其实这也正中兰花下怀。

黄蜂兰花。两叶围绕茎根生长，5~7 个月会在茎顶端开花

黄蜂。以夜蛾和菜粉蝶的幼虫为食，会被黄蜂兰花的伪装所骗，沾上花粉

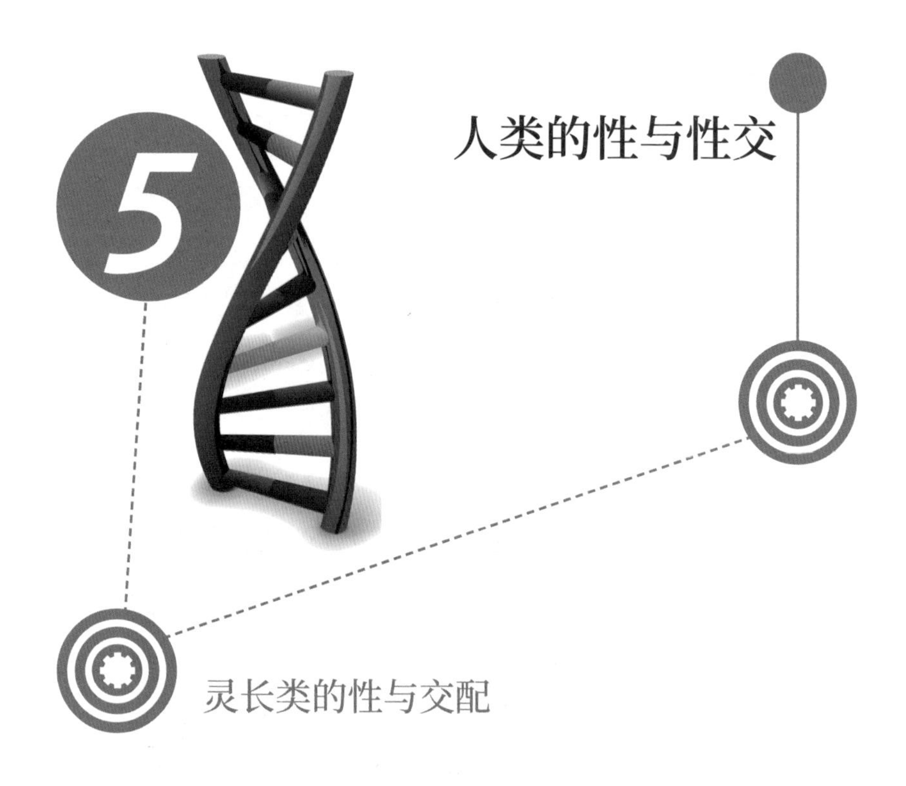

5 人类的性与性交

灵长类的性与交配

所有动物的父母都会在育儿过程中投入许多时间和精力，其中灵长类动物需要父母更多的投资，因为它们在出生后需要学习相对较多的东西。这也是因为灵长类动物的大脑相较于其他动物来说比较大。

首先，对于母亲而言，幼崽本身就是一个巨大的负担。马达加斯加岛上有一种狐猴，它们的食物稀少，生活艰难。此时再加上一只幼崽，母猴的生活就更是难上加难了。所以，在这样的环境中，猴群中的母猴就有了可以先吃食物的特权，而公猴永远排在母猴之后。

各种灵长类动物在育儿时所投入的时间和精力也都各

不相同。不同于类人猿与猿猴，原猴父母照顾幼崽的时间较短，因其脑量较小、生长迅速，所以母原猴一般一胎多子，且很快就可以有下一胎。另外，它们不会很仔细地照看幼崽，一般都是尽快产下尽可能多的后代，随后马马虎虎地照顾一下。

相反，雌性的猿猴一般一胎一子，且在养育和哺乳的过程中耗费很多时间和精力。婴猴是原猴的一种，婴猴幼崽长到一岁后就可以产子。但狒狒和蛛猴等猿猴一岁时尚未断奶，勉强能吃较坚硬的食物，所以也只能继续待在母亲的身边。

而包括人类在内的类人猿孕育后代较少，通常会长时间抚养幼崽。黑猩猩一般到 10 岁左右才进入青春期，每四五年一产崽。不知是不是由于这个原因，类人猿是灵长类生物中最长寿的动物。

人类若是遇到心仪的异性，就会投入百分百的努力，猴子也是如此。对猴子而言，交配就意味着后来的分娩，所以为传播自己的基因，交配就显得尤为重要。和大部分动物一样，公猴会和很多母猴进行交配，以期自己能拥有更多的后代。母猴也会接纳能力强又聪明的公猴，所以公猴间的竞争就无法避免。

在进入繁殖期后，发情的雌狒狒的臀部会变得红肿，这是它向雄狒狒发出的信号。接收到信号的雄狒狒，为争夺与雌狒狒交配的机会，彼此间会进行打斗。通常只有高阶的雄狒狒才能与发情中的雌狒狒交配，但偶尔伺机而动的低阶雄狒狒也可以侥幸成功。

黑猩猩的行为与狒狒较为相似。迄今为止，许多学者为更深入地了解人类，常常把猩猩和人类进行比较研究。著名动物学家珍妮·古道尔在非洲坦桑尼亚的贡贝生活了近40年，和黑猩猩做了朋友。她发现，黑猩猩不仅能制造工具，还能使用工具。而在此之前，大家认为只有人类才能够使用工具。另外，她还发现，黑猩猩并非素食性的，还有种群暴力行为。这些发现震惊了世界。

黑猩猩之所以会出现暴力倾向，是因为在黑猩猩社会中，等级制度严格，以雄性为中心，雄性终生都不会离开自己的种群。在打斗中获胜的一方就成为高阶，如此形成了一个等级森严的秩序。

相反，雌性在成熟后就会离开自己的种群，大概这也是因为想要避免近亲结婚，防止产下基因不良的孩子。它会进入其他种群，因为还要养育幼崽，所以要和新种群的黑猩猩和睦相处并非易事。雌性有幼崽牵绊，因此一切权力自然归雄性所有。

雄性会通力合作，摘果，狩猎，寻找食物。待它们饱餐后，才会将食物让给雌性。有时也会发生雄性对雌性的武力暴力或性暴力现象，甚至还能看到杀害雌性幼崽的状况。这种现象被称为杀婴。在黑猩猩社会中，杀婴屡见不鲜。对此，雌性若想保护幼崽，就要有自己的战略。

雌性黑猩猩在进入发情期后，皮肤红肿十分明显，此时雄性就想与之交配。但是，肿胀的生殖器其实是一种障眼法。相较于生殖器肿胀的时间，实际能使其怀孕的时间非常短。换句话说，在这段时间进行交配，并不能保证一定会让雌性怀孕。

雌性并不是只和高阶雄性进行交配，也会和种群内的其他雄性交配。就像雌狮一样，这是她采取的一种战略，雌性自己都不知道哪一只雄性才是孩子的父亲。雄性看到臀部肿胀的雌性后，会判断它可能怀孕的时机，再与其进行交配。但因为它也不清楚分娩出的幼崽是不是自己的孩子，所以也就不会不管三七二十一地将其杀害。

当然，黑猩猩社会并不总是杀气腾腾、阴森可怕的。若是有失去母亲的幼崽，也会有好心的黑猩猩去领养它。但黑猩猩仍旧是照亮我们内心阴暗面的镜子。

世界著名灵长类学者、美国埃默里大学的法兰斯·德瓦尔认为，人类继承了黑猩猩和矮黑猩猩的特点。他主张，若是只从黑猩猩的角度看待人类，那么对人类行为的理解只有一半才是真理。而另一半则是被我们遗忘的祖

矮黑猩猩。唯一一种进行性行为时会像人一样面对面的动物

先——矮黑猩猩。

矮黑猩猩也是一种大型类人猿。很久以前，矮黑猩猩与黑猩猩有着共同的祖先。大约在 250 万年前，二者分道扬镳。因为矮黑猩猩的体形相对较小，一度被称为倭黑猩猩，但现在发现，黑猩猩和矮黑猩猩是完全不同的物种，两种动物的典型行为截然相反。

虽然雌性矮黑猩猩在成熟后会离开自己的种群，去其他种群生活，但矮黑猩猩和黑猩猩有一个巨大的差异，那就是矮黑猩猩社会由雌性统治。雌性拥有对食物的优先权，若是雄性妄图行使暴力，雌性就会合力抵抗。矮黑猩猩是一种远离暴力、热爱和平的动物。即使到冲突发生之

长臂猿夫妇。与矮黑猩猩不同，长臂猿是一夫一妻制的，这非常少见

前事态都在恶化，也有一个特别的方法，能让彼此妥协，消除紧张。那就是性行为。

若是黑猩猩，就会彼此争吵、打斗，但矮黑猩猩因为发生了性行为，所以会选择维持和平。假如雌性不想自己的幼崽被雄性杀害，就要和所有的雄性交配。雌性黑猩猩在成熟后，生殖器会肿胀起来，这段时间占它一生的5%。但对矮黑猩猩来说，足足占了 50%。

矮黑猩猩的性行为并不只在成年的雄性和雌性之间进行。不论年龄和性别，老年雄性和幼年雌性、幼年雄性和老年雌性，甚至雄性和雄性、雌性和雌性也都可以发生性行为。男上位，也被称作传教士体位，意指这是神只赋予了人类的体位。但其实矮黑猩猩也是“男上位”。因此，要是全程记录矮黑猩猩的生活，那肯定是一部“黄色影片”。正因如此，在动物纪录片中很少能见到矮黑猩猩的身影。事实上，德瓦尔对矮黑猩猩的研究有一段时间停滞不前，可以说也是由于这一原因。

珍妮·古道尔

1934年4月3日，世界著名动物学家珍妮·古道尔出生于英国伦敦。珍妮从幼时起就十分喜欢动物，最大的愿望就是能去非洲旅行。1956年，珍妮在朋友的劝说下去非洲肯尼亚旅行。在那里，她见到了著名古生物学家路易斯·利基夫妇。从1960年开始，她加入了路易斯在贡贝地区对黑猩猩的研究。在观察初期，珍妮连看都看不到黑猩猩，但后来能和它们进行身体接触，甚至还给它们起了名字。随着对黑猩猩的研究持续进行，1965年，珍妮获得了剑桥大学动物行为学博士学位。

在珍妮的早期研究中，最重大的发现就是黑猩猩十分享受狩猎和食肉，特别是黑猩猩也可以使用工具。一直以来，大家都认为只有人类才能使用工具，这给了当时的人们一个极大的冲击。1975年，珍妮又发表了一份震惊世界的报告。她首次观察到，黑猩猩会杀害同族。

1977年，珍妮建立了致力于野生动物研究、教育和保护的珍妮·古道尔研究会，向全世界推进动物的研究工作，并开始对宣传黑猩猩及其他野生动物真实处境、保护和改善栖息地的人进行奖励。另外，她与全世界的儿童和非洲地区的居民一起探寻保护地球的方案。因其对地球环境保护所做的贡献，英国女王伊丽莎白二世授予她大英帝国女爵士头衔。为奖励她在研究、探索和发现方面的突出贡献，美国国家地理学

珍妮·古道尔，黑猩猩行为学家（1934—　）

会授予其哈伯德奖。此外，她还获得了在基础科学研究领域极富盛誉的 KYOTO 奖和坦桑尼亚政府首次颁发给外国人的乞力马扎罗奖。2002 年，联合国任命其为和平使者，以表彰她为世界和平以及地球上所有生物的和平所做出的贡献。

珍妮著有《在人类的阴影下》《希望的理由》《珍妮·古道尔——和黑猩猩在一起的五十年》等。

男性为什么喜欢有 S 曲线的女性？

虽然有性生殖的物种皆是如此，但对于人类来说，还是有一个问题会经常困扰我们，那就是要找到一个可合作、能信赖、有才干、生育能力强的伴侣。过去，妻子生育能力弱的男性，在子嗣方面要远远落后于妻子生育能力强的男性。另外，女性若是嫁给了不能或不想在自己和孩子身上投资的男性，那么她生育的概率也会比较低。男性在选择异性时，主要看对方的年龄和外貌，而女性则重点关注对方的抱负和财产等。借此，我们能或多或少地了解先辈在择偶时遇到了什么问题。

其实，外貌是反映人类遗传基因质量的重要线索。在外貌上，左右对称占据了相当重要的位置，身体越对称，外形就越好。从生物学角度看，相较于身材不对称的人，身材对称的人的基因更好。因为即使是在身体受伤或有寄生虫的环境中，优质的基因也可以帮助人体保持正常状态。事实上，我们在挑选伴侣时，会下意识地考虑对方的脸和身材是否对称。

美国新墨西哥大学心理学家刚杰斯泰德和生物学家兰蒂·特霍西尔对人体的许多部分进行了测量，上至耳朵的长宽，下至脚部的宽度。他们根据测量数据进行分析，算出了人体的对称指数。接下来，他们给被试看了一组照

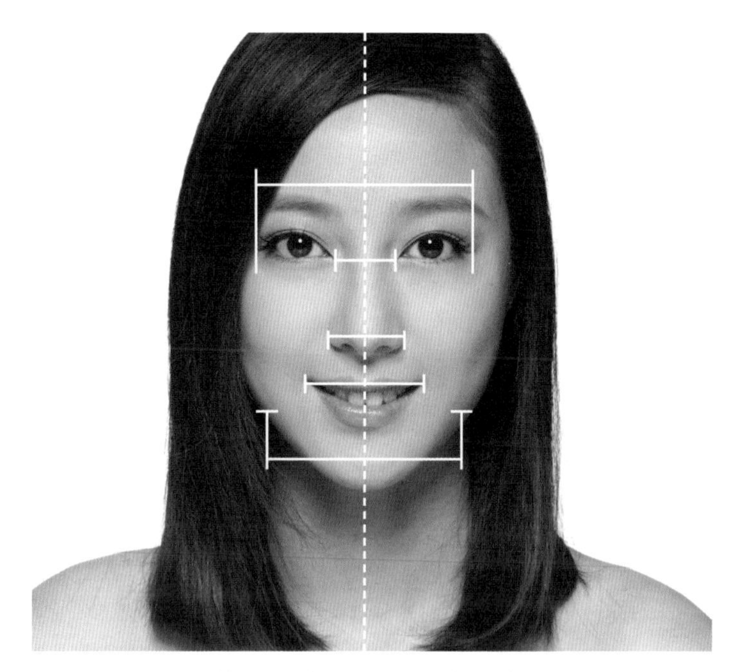

无论是男性还是女性，匀称且对称的面孔都更有魅力

片，让他们评价谁更有魅力。结果表明，大部分被试觉得有魅力的人，大多外貌比其他人更加对称。

皮肤光滑、头发柔顺的女性看起来更漂亮，也是一样的道理。皮肤和头发能反映人体的健康状态。若是生病或被细菌、寄生虫感染，营养状态就会变差，而这些都会在皮肤和头发上有明显的反映。皮肤会变得粗糙或产生皱纹，头发会容易断裂或脱发。而没有斑点和皱纹的白净皮肤和像丝绸一样光滑柔顺的直发代表了年轻与健康，也让其他女性十分羡慕。

除此之外，还有一种与外貌相关的普遍倾向。那就是男性更喜欢一种特定的体形，无关体重。1993 年，美国得克萨斯大学心理学家德文德拉·辛格发现，虽然不同文化圈的男性对女性理想体重的看法各不相同，但理想中腰围与臀围的比例（WHR）却恰好都在 0.7 左右。为什么是 0.7 呢？首先，从解剖学角度来说，比例在 0.7 左右的女性，生育能力最强。也就是说，其身体构造更适合生育。其次，若体脂率不在正常范围内，是不可能出现这一比例的。而女性若想生育，就必须具有一定程度的体脂。若体脂太少，则会发生闭经。若体脂过多，腹部就会产生较多赘肉，也很难出现 0.7 的比例。另外，相较于其他女性来说，腰臀比为 0.7 的女性患心脏病或癌症的概率也比较低。换言之，若某女性的腰臀比为 0.7，那么就代表她很健康。再次，这也是她没有怀孕的证据。若女性怀孕，那么腰围不可能不变大。男性对于已经怀孕的女性，马上就会下意识地感受到她不可能生下带有自己基因的孩子。因此，男性对于正在怀孕或看起来像怀孕的女性几乎感觉不到性魅力。

进化生物学者通过以上三点原因来说明男性在伴侣的选择上更喜欢有“可乐瓶”身材的女性，但也有人反驳说，这是因为大众媒体的长期引导。究竟男性为什么更喜欢有 S 曲线的女性呢？通过查看考古学资料，人们发现

根据体脂率的不同而变化的腰臀比

45 千克

50 千克

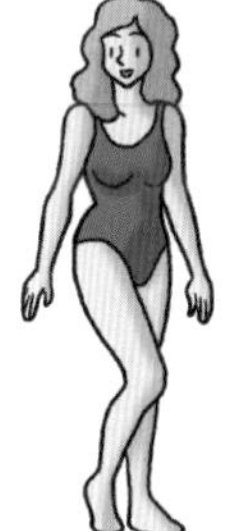
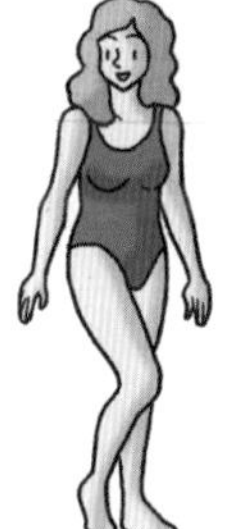

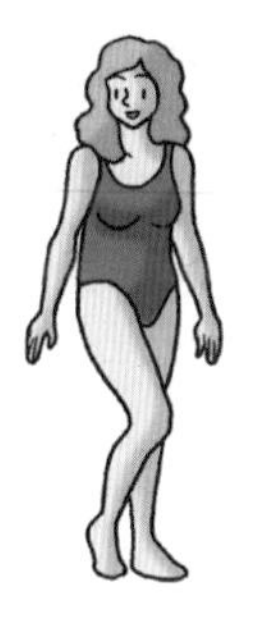

55 千克

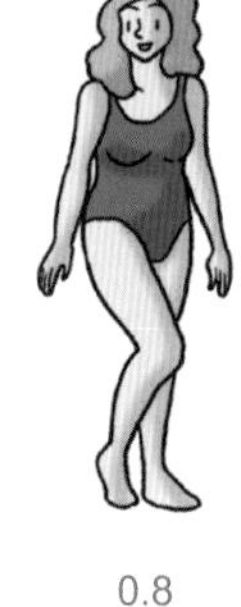

0.7 0.8 0.9 1.0

腰臀比反映女性的健康状况

男性对于女性身材的偏爱并不是从最近才开始出现的。

从古埃及、古希腊和古非洲文明中出土的男女雕像来看，女性的腰臀比约为 0.7，男性约为 0.9。这一数据与现代资料相吻合。过去欧洲社会流行束身衣，最近年轻女孩夏天喜欢穿吊带衫，这都可以说是为了吸引男性。从这一角度讲，S 曲线身材本身并不美丽或性感，只是因为选择这种身材的女性能使男性的生育能力提高，所以才让他们感到美丽而性感。

古代文明中所出现的人物的腰臀比

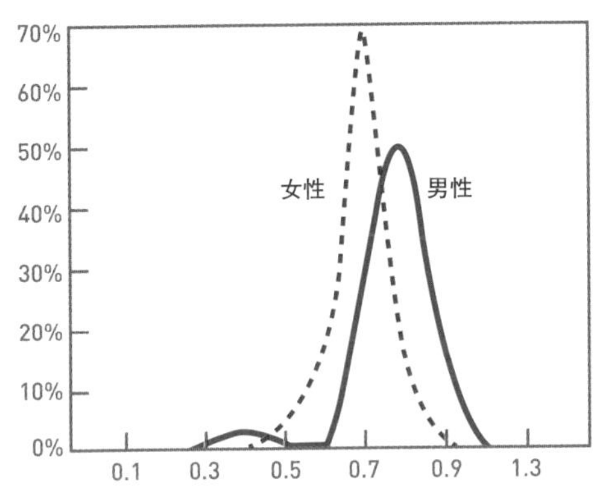

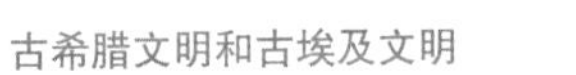
古希腊文明和古埃及文明

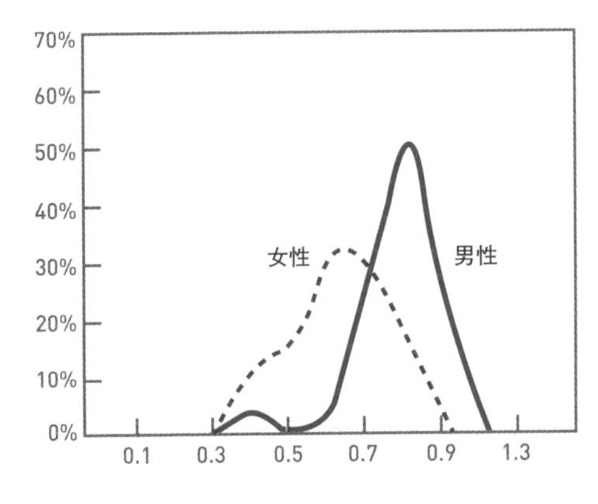

古非洲文明

女性为什么喜欢有能力的男性?

通常男性更喜欢年轻的女性，而女性则喜欢比自己年纪大一些的男性。另外，相对男性而言，女性在挑选伴侣时会更考虑对方的地位和经济状况。这也可以说是人类在漫长的时间中彼此适应的结果。

女性的妊娠期通常有九个多月。在这段时间内，女性行动不便，且胎儿会夺走母体大量营养，母体内的免疫系统也会发生变化。分娩后也存在诸多困难，要随时哺乳，一段时间内无法从育儿当中抽身。在孩子发育到某一阶段之前，女性都很难进行经济活动。

所以，这就需要一个能够为女性解决衣食住行的人，也就是需要一个能够提供相应资源的伴侣。从这一角度来说，和没有经济能力的男性结婚，对于女性而言是致命的。因此，我们的女性先辈在逐渐进化中，本能地会被有经济能力的男性吸引。

不同年龄的男性所喜欢的女性，其年龄也各不相同，但女性并非如此。无论自身年龄如何，相对于比自己年龄小的，一般女性都会更加喜欢比自己年龄大一些的男性。这也可以从上述原因的角度来进行解释。通常情况下，相较于与自己年龄相仿或年龄更小的男性，比自己年龄大的男性拥有更高的社会地位和经济能力的可能性比较大。

不仅如此，女性认为努力工作的男性十分有魅力。这代表了他的勤勉，而勤勉和诚实的男性也确实更容易升职。在女性心理中，会把男性的成长潜力都估算在内。

女性会被男性的无微不至吸引，这也是适应进化的结果。即便男性有能力为妻儿提供一切所需，但若他并不想付出，那就毫无意义。可以说，男性对女性体贴备至，表现了他愿意付出自己的精力与时间。因此，女性在择偶时会看重男性是否体贴。

很多女性还会更加偏爱喜欢孩子的男性，这一点也是出于以上原因。曾经有心理学家做过一项调查，观察同一女性在不同情况下对几张男性照片的好感度。果然如预想的那样，相较于个人独照或只是把孩子放在一旁的男性，女性认为抱着孩子并冲其微笑的男性更有魅力。但是，男性则认为独照和怀抱孩子并冲其微笑的女性，其魅力指数很相近。另外，对处在困难中的孩子坐视不管的男性，被评价为最没有魅力的结婚对象。

相反，对于男性而言，女性的处境并不会影响她作为结婚对象的魅力值。通过这一结果，我们能够看出，女性在择偶时将对方是否能照顾好自己未来的孩子作为一项重要的评价标准，也可以看出女性拥有能够区分男性是否具备这种资质的第六感。有一项研究宣称，女性即使只看男性的面孔，也能够正确判断这个男性对孩子是否关心。女性的这种能力，很让人吃惊吧？

一般来说，男性喜欢皮肤好、有S曲线的女性，而女性则更喜欢高大的男性，因为女性本能地认为身材高大能够更好地保护自己和孩子。

根据美国犹他大学戴维·卡利尔博士的研究，在很久以前，男性在互相争斗时，个子高可以从上至下地挥舞拳头，也就更为有利。从上向下捶打的力量是从下至上的3.3倍，所以自然个子越高，就越容易压制对手。

高大的体形和健康的体魄能够带来强大的力量，而这份力量能够使家人免受危险，守住食物。女性也希望通过和这样的男性结合，生出一个同样高大的儿子。因此，女性喜欢身材好的男性，与其说是因为这样更加帅气，不如说这是因为进化而使他们看起来比较帅气。

娃娃脸备受喜爱的原因

现在刮起了一阵娃娃脸热潮。娃娃脸是年轻的象征，是健康的指标，是自我管理的标志。如此一来，大家都想要变得比自己本身看起来更小一些，连带着美容业也跟着蓬勃发展。现在，“岁月不饶人”这句话似乎已经不再是真理，各种媒体都在争先恐后地报道这种热潮。每个人都在提出自己对娃娃脸的标准，还会举例、列方法，但对于最根本的问题，几乎没有人提及。到底人们为什么喜欢看起来比本身年龄小的面孔呢？男性会更偏爱娃娃脸的女性吗？相反，女性也会更喜欢娃娃脸的男性吗？

首先，让我们来解决第一个问题。男性更喜欢娃娃脸的女性吗？从性选择的角度来讲，男性在选择长期伴侣时，更看重的是女性的生育价值。这里所说的生育价值，与人的年龄、性别，以及未来可能拥有的子女数有关。比如说，15 岁的女性就比 35 岁的女性生育价值高。女性的生育价值一般在 18 岁时达到顶

年龄和生育价值的关系

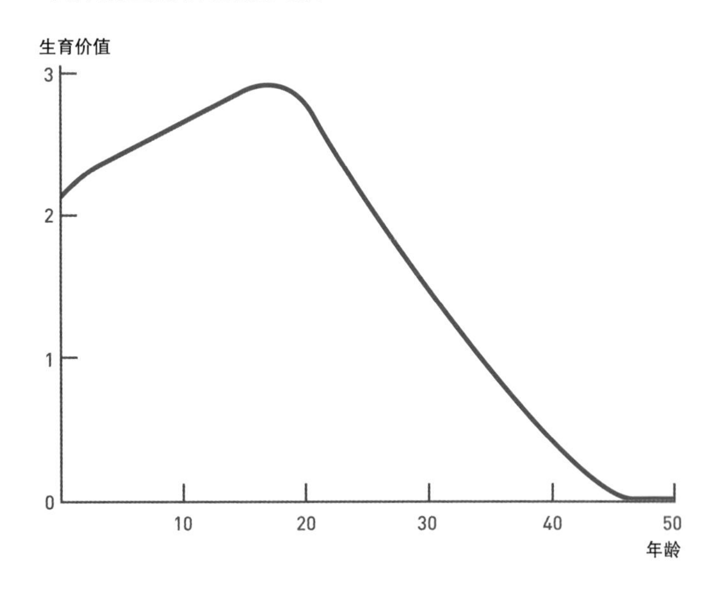

峰，随后逐渐降低，到闭经期时降为零。

一项研究显示，随着年龄的增长，男性会更喜欢比自己年龄小的女性，比方说30岁的男性会更喜欢比自己小5岁左右的女性，但50岁的男性就会喜欢比自己小10~20岁的女性。男性所期望的，与其说是伴侣比自己的年龄小，不如说是期望女性的生育能力强。也就是说，他们更喜欢女性在生育能力达到高峰期时的典型外貌。这也就可以理解，为什么十几岁的男生会更喜欢比自己年龄稍大一点的女生。

男性喜欢有娃娃脸的女性，就是因为这样的女性展现出了更强的生育能力。当然，女性的年龄本身就可以成为生育能力最直接的指标，但在无法得知年龄或只能凭借外貌判断的情况下，外在年龄就成了唯一基准。度过了青春期的女性，随着年龄的增长，生育能力也逐渐提高。而面庞是对一个人的年龄最有力的表现，所以看起来更年轻的面孔就更容易获得男性的选择。

男性更喜欢有娃娃脸的女性，也可以说是一种适应性的机制。娃娃脸的形成受激素分泌的影响，并且生育经验越多，也就越不容易有娃娃脸。因此，通过面孔表现出来的女性外在年龄，可以看作生育能力的直接信号。孕期女性会促进骨组织的生成，脸型会或多或少变长，并且胎盘分泌出的生长激素会使得脸部变得粗糙，也就与娃娃脸渐行渐远。根据这一结果，假如生育过的女性有娃娃脸，那么它就像是雄孔雀的尾羽，都是用来诱惑异性的“昂贵”信号。

根据男性想与年轻女性交往时间的长短，对其的偏爱度也不一样。相较于只想维持短期关系的男性，希望能长期维持关系的男性更加重视生育能力，所以也就更喜欢显得年轻的女性。

下面，我们再来看第二个问题：女性会喜欢有娃娃脸的男性吗？答案是否定的。因为在女性的既定观念中，择偶时要选择一个能够为自己和孩子提供安稳生活的男性。事实上，女性更喜欢地位高、收入多、比自己年龄大的男性。也就是说，女性在择偶时虽然也会看重男性是否健康、是否亲切，但更看重男性的财力和保护能力，以及是否有一个成熟稳重的年龄。因此，女性并不会认为有娃娃脸的男性有魅力。

但是，女性在特别的时间阶段，也会喜欢有娃娃脸的男性。根据所处生理周期的不同，女性喜欢的男性脸型一直在变化，这一现象从几年前就开始被报道。在一项实验中，电脑屏幕上会出现一张人脸，且其下巴、颧骨和脸型的比例会被不断调整，让被试在其中选取心仪的男性照片。结果显示，处在不同生理周期的女性做出了不同的选择。处在排卵期的女性

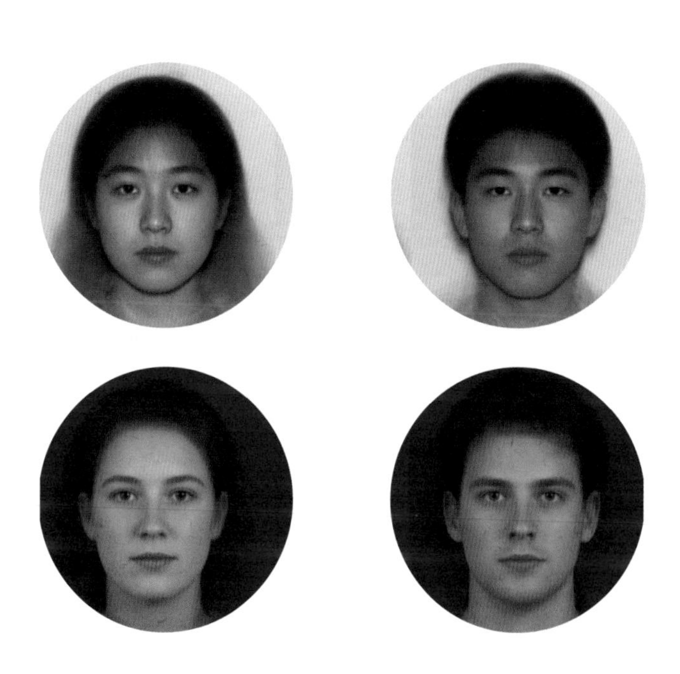

在脸型偏爱度实验中使用的东西方男女代表脸型

会更偏爱男性化的面孔。据研究人员介绍，男性化的面孔的睾酮数值比较高，代表他具有健康的免疫系统。因此，排卵期的女性更喜欢这样的面孔。但换言之，这就意味着没有处在排卵期的女性更喜欢或多或少有些女性化的男性面孔。这里所说的女性化的男性面孔是指有些娃娃脸的男性面孔。因此可以看出，对男性娃娃脸的偏爱度，会随着女性生理周期的变化而变化。

对娃娃脸的偏爱或排斥，不仅仅在择偶的状况下出现。在男性之间，对有娃娃脸的男性是如何评价的呢？在女性群体中，她们又对有娃娃脸的女性有什么看法呢？事实上，相较于繁殖，这个问题更接近于生存问题。但遗憾的是，到目前为止，还没有对同性间对娃娃脸的偏爱度进行的研究。为方便后续研究的开展，在此提出几点假设。首先，有娃娃脸的男性通常看起来年龄比较小，其他成员就会消除对他的一部分警戒心，使其更容易融入整体。但在按年龄排等级地位的社会中，他们就容易被压在底层。因此，不能说有娃娃脸的男性更利于生存。那么，女性又如何看待有娃娃脸的同性呢？这也需要辩证地看。她们更容易获得保护，但同时也更容易受到攻击。期待今后的研究能够为我们解答这样的假设是否正确。

男女各不相同的择偶战略

配偶在照顾孩子时会付出多少？这是人类在择偶时会考虑的非常重要的因素。但事实上，并不是所有的有性生殖物种都会费心费力地照顾自己的孩子。比如在灵长类社会中，雄性几乎不参与抚养幼崽的过程，它们把自己的那一份责任也转嫁给了雌性。但就人类来说，男性在育儿时也会倾注许多精力。那么，在人类进化的过程中，为什么会发生这样的变化呢？目前对此尚无定论。

相较于其他灵长类动物来说，人类大脑的脑容量确实更大，因此直至孩子长大成人，确实要花费更多的时间。也就是说，不知从何时起，父母双方中很难只由一方抚养孩子。我们的祖先在择偶时，不仅会考虑对方的基因是否优质，还会考虑对方是否有能力、有意愿在抚养孩子时付出。正因如此，无关性别，配偶都要具备亲和力、耐心、宽容和信赖等良好品质。

刚刚提到的要素，都与“长期择偶战略”有关。那么，“短期择偶战略”又与什么有关呢？简单来说，如果挑选的不是结婚对象，而是单纯的恋爱对象，那么男性和女性或多或少会采用不同的战略。择偶本身对男女而言提出了不同的适应性问题，但在短期择偶战略上，二者显现出了明显的差异。

对于男性而言，理想中的短期择偶战略是和一个女人发生性关系后，不用对她生下的孩子负责。但女性完全不同。女性会提前做好准备，避免意外怀孕，因为非本意的怀孕会浪费大量精力。如果女性不对长期伴侣和短期伴侣加以区分，那么她未婚先孕的危险就更大。自然选择使得女性产生了这种预防不幸的心理机制。因此，相较于男性，女性在发生性关系时会更加慎重。

同时，相较于女性，男性运用短期择偶战略的倾向更为强烈。因为相比支出，可能获得的潜在收益确实更多。举例来说，一名男性若是和 100 名女性发生了性关系，那么在理论上，他最多就可以有 100 个子女。相反，若是与

一个女性相守一生，那么所产下的后代数量就十分有限。在有证可循的资料记载中，女性最多产下了 69 名子女，而男性则是 888 名。

那么，对于采用短期择偶战略的女性而言就毫无益处吗？从整个人类历史可以看出，男性依然风流成性，这就说明我们的女性先辈也并没有完全遵循一夫一妻制。从计算角度想，发生性关系需要一名男性和一名女性，那么男性发生了多少次性关系，女性也就发生了多少次性关系。男性有多少名伴侣，女性就有多少名伴侣。相比其他女性，有些女性的确和更多的男性发生了性关系。也就是说，男女都会采用短期择偶战略。

针对女性在出轨时究竟会得到什么好处这一问题，存在许多假说。最近在对人类和发情期的矮黑猩猩的行为研究中发现，性行为不仅可以为了繁殖，还是维持社会关系或获取资源的一种手段。在女性因出轨而可能获得的利益当中，也包括可能生下一个拥有更优质基因的子女这一点。假设某女性和她的长期伴侣（比如丈夫）共同抚养她和其他男性所生下的孩子。假如该男性并不知道自己在替他人养孩子，那么在女性的立场上就没有任何损失。也就是说，既不失去长期伴侣所提供的育儿资源，又获得了比他更优质的遗传基因。

但即便存在这种潜在利益，女性也要在出轨时承担比男性更大的风险。因为怀孕本身就要求女性长期付出，若是性伴侣离开，她就只能独自抚养孩子，并且还有被自己的长期伴侣发现出轨的危险。因此，对于短期择偶行为或出轨行为，女性要比男性更为慎重。

男女之间对性的忌妒心也各不相同。美国得克萨斯大学心理学家戴维·布斯发现，无论是东方还是西方，对性的忌妒心在男女之间确实存在差异。也就是说，虽然男性在得知女性出轨时会大发雷霆，但女性在得知男性和其他女人交往过密时会更加愤怒。这一现象可以从进化的角度得到充分解释，只需想想自己在伴侣出轨时必须忍受的潜在代价即可。首先从女性角度讲，若是丈夫有了外遇，那么对自己和孩子的投资有可能就会减少。相对于一夜情，若是丈夫有了情人，那么他投资被分散的可能性就更大。所以相较于性伴侣，若是得知丈夫爱上了其他女人，反而会引发女性更大的怒火。因此对于女性而言，要防止自己的丈夫变心，别被其他人夺走资源。

从男性角度来说，若是妻子有外遇，那么自己就很有可能在帮其他男人抚养孩子。之前所付出的精力和投入的资源都是浪费，因为孩子身上完全没有自己的基因。西方有这样一个笑话，“mama’s baby, papa’s maybe”。就是说，当某个孩子出生时，生下这个孩子的女性百分之百是他的妈妈，但他的爸爸是谁就不能百分之百确定了。在人类的

男女对性的忌妒心的差异

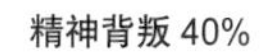

身体背叛 60%

进化史上，男性始终对自己伴侣所生下的孩子究竟是不是自己的亲子不能百分之百确认。从进化论的角度说，这叫作父性身份的不确定性。对于男性而言，这是一个必须要解决的重要问题。这就是为什么相对于精神出轨，男性会对伴侣的身体出轨更愤怒。

千万别误会!

读者朋友们，到此为止，你是否觉得动植物的部分十分有趣，但到了人类的性部分却不知为何有些不舒服?

“了解之后发现，男性的炫耀性消费是不是像雄孔雀美丽的羽毛一样，是为了成功和异性交配所采取的战略？”

“女性为了变美而付出的努力难道不是理所当然的事吗？我在女子高中读书，也很在意自己的外貌，但你说这是和性相关的行为？”

“你说男性同时和好几个女性交往是极其正常的行为？那么，这种男人不自责也没关系，是吗？”

不知道是否会有读者这样想。这种想法其实是把人类和动物等同来看了，所以才会感到不快。这也是在对性的进化进行科学研究时会产生的困惑。

事实上，有不少人对性的进化论感到不快。比如有人在提及性选择理论时，批判说这是在将男性中心的性歧视理论正当化，因为“根据性选择理论，雄性在交配时更有攻击性。相反，雌性就应该被动、服从”。还有人认为，“进化论主张，女性若是想成功交配，就要更在意自己的身材”。各位看了这些话，是否也会有相同的感觉？

如果是这样，那你就误会了。首先，因为在研究性的起源与进化的科学家中，从未有人说过雌雄或男女“应该要支配”或“应该要服从”。“应该……”这种“价值陈述”的句式对于科学家而言十分陌生。他们从未追求价值，不研究“自然界应该如何发展”或“如何是好”，只是从既定现象和事实中发现模式和法则。

探索事实和追求价值完全不同，应该区分开来。比如说，谁在一生中没有说过一句假话呢。但若有人从这一经验事实得出结论说“即便说假话也是好的”，甚至“应该说假话”，不觉得有点奇怪吗？大部分人不可能一直遵守交通法规，总会有犯错的时候。但若有人根据这一事实误导公众“可以无视交通法规”或“应该无视交通法规”，这可以吗？答案当然是否定的。一方面，从逻辑学角度讲，这叫自然主义谬误，是教条地将事实与价值联系起来。因此，从“许多雄性都会和好几个雌性交配”这一事实出发，得出“雄性出轨没关系”甚至“雄性出轨是理所当然的”这些结论都属于逻辑学的谬误。另外，因为自然界中存在太多不同的交配形式，偏袒某一特定概念不仅错误，而且绝非易事。

另一方面，从历史学角度来说，“对性的起源与进化的研究是对女性的贬低”这一主张也并不合理。达尔文从大部分动物中发现，雌性具有择偶的主导权。为了说明这一机制，他提出了性选择理论。然而，因为当时在他所处的英国社会，大男子主义文化盛行，所以达尔文担心自己的理论因为太过激进而遭到排斥或抗拒，所以一直战战兢兢。事实上，也的确如他担心的那样，性选择理论被埋没多年，直到20世纪60年代中期才被重新认识，也才正式开始研究。也有学者认为，这段历史与女性主义思想兴起的时间不无关系。

再者，主张因为要适应某种心理机制，所以行为无法改变也是错误的观点。比如说，许多女性偏爱地位高的男性，那么这种倾向在女性的立场上是可以接受的，所以我们绝对得不出女性偏爱这种男性的行为是“不得已而为之”。女性并不是不得不喜欢年龄更大的男性，其实也有很多和比自己年龄小的男性结婚的女性。也有未婚妻患重病却一直不离不弃，与她结婚，守护她到人生尽头的男性。进化论是对生命现象中出现的一般性倾向，从进化的角度做科学分析的学问，偶尔也会有与进化论的解释说明相背离的事例。确切地说，对于人性的进化论观点并不是

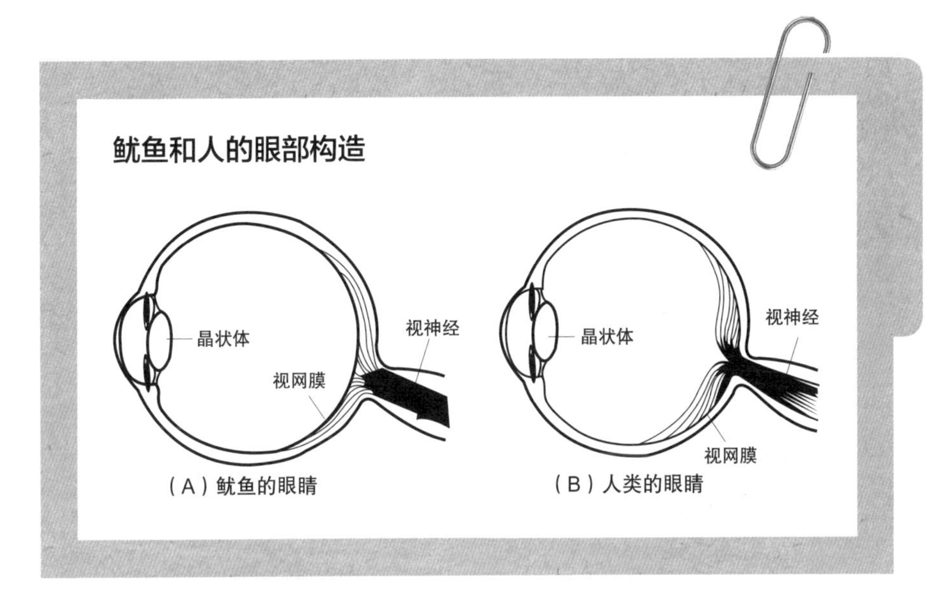

将“无可奈何才如此”的看法正当化。

最后，人们在理解进化论时还常常会陷入一个谬误。许多人会认为进化论学者存在“适应即最优”这样的观念，认为进化论是一个保守观点。但其实进化论中所说的适应并不等同于最优。

举例来说，人类的视神经在前，视网膜在后。这虽是适应的结果，但并非最优。估计即使是一个工学的学徒在设计眼睛时也不会做出如此设计。因为如此一来，视网膜上必然出现盲点。盲点就是视神经穿过的地方。在这个地方，人眼没有视觉细胞，物体的影像落在此处也不能引起视觉。而鱿鱼的视神经就在视网膜之后。从这一点来说，鱿鱼要比人拥有更好的眼部设计。

所以，希望读者朋友们千万不要误会。

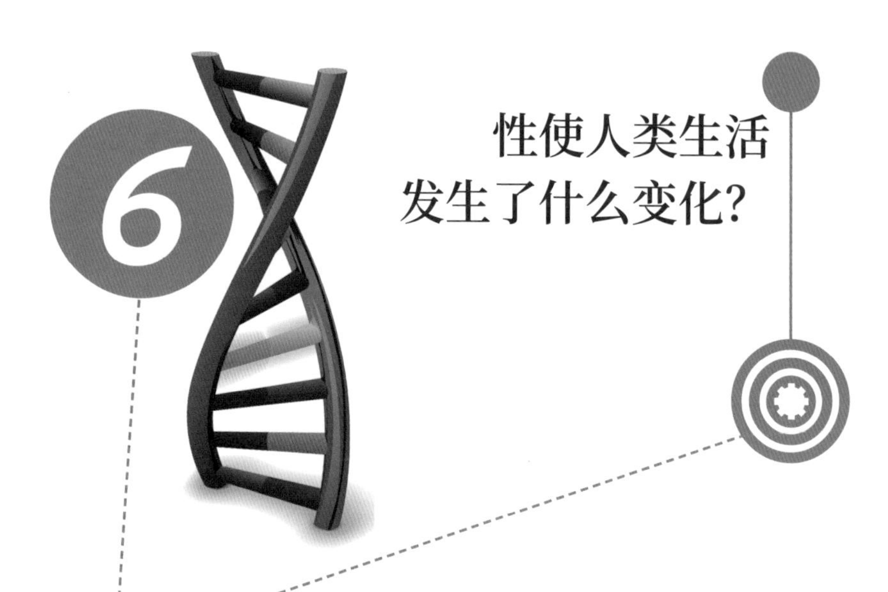

性使人类生活发生了什么变化？

前文所提到的一切行为都因性的诞生而出现，也就是因两个体积不同的生殖细胞的出现而产生。你对此是否感到非常惊讶呢？

然而，其实有性生殖并不仅仅是交配行为，它还为其他领域带来了深远的影响。本章将为您介绍有性生殖与创意、幽默以及文化有何关联。

性行为是创造性的源泉？

“若是 30 岁之前没能在科学上有所建树，那么他一生都将不会再有伟大的贡献。”不知道爱因斯坦的这句话让多少科学家备感挫折。最近，日本的一位研究员发表了一项相关的研究结果。他在对 280 名伟大的男性科学家的一生进行分析之后发现，其中有 65% 的科学家最成功的论文是在 35 岁之前动笔的。年轻时，头脑活动更加旺盛，这并不令人惊讶。

但令人惊讶的是，他发现无论年龄如何，一旦结婚，其学术成果都会急剧减少。相反，未婚的科学家随着年龄的增长，反而会有不错的研究成果。据此他得出结论，相比年龄来说，男性科学家的创造性与性行为有关。也就是说，为了得到女性的选择，男性科学家使尽浑身解数，奋

力竞争，最终写出了更优质的论文。对于已婚的科学家来说，这多么令人伤心哪。性行为竟然是创造性的源泉！

也有学者主张，若想更好地说明人性的进化，那么相比达尔文的自然选择理论，应该把他的性选择理论放在更重要的位置上。因为若是想将自己的基因传给后代，那么在生存竞争中获胜仅仅是一个开始，只有在交配中成功，才能达成进化的任务。对于开始进行有性生殖的动物来说，交配是和生存同等重要的大事。

但即便如此重要，性选择理论在关于人性的进化方面还是备受冷落，反而在动物行为学领域一直是数十年来最为活跃的理论。关于人类的性选择理论，实际上却只在说明性行为时使用。

在《求偶思维》一书中，进化心理学家杰弗里·米勒从正面打破了这种情况。他在书中提到，只有人类才具备一些特性，如音乐、美术、文学、自我意识、语言、幽默、创造性和宗教等能力。他主张，这些能力的进化都是性选择的直接结果。也就是说，人类所有的独特能力都是为了诱惑异性的战略，历经 250 万年的进化而来。而所谓性选择，就是人之所以成为人的真正推动力。

据此，在解释这种对人类生存几乎毫无益处的特性时，自然选择的力量就显得十分苍白。用比喻来说，人类独特的能力就像是有着华美羽毛的雄孔雀尾巴。它的尾巴是为了吸引雌性而进化出来的，对生存丝毫没有帮助。从这一角度来说，这本书也许对于反问“音乐和文学与人类的生存究竟有何关系”，并且想把人类从达尔文的手中解救出来的人来说是一个噩耗，因为作为达尔文左膀右臂之一的性选择理论，如今又重焕生机。

你对同班的孩子会有好感吗？你会在发短信时苦恼要发什么吗？你会无缘无故地寻找电视剧主人公说过的话吗？你会默记从朋友那里听来的趣事吗？这些都可以说是性选择的力量。各位也不例外。

性选择的产物——幽默

2009 年 1 月，奥巴马当选美国第 44 任总统。他随即任命其政治对手——希拉里·克林顿为美国国务卿。下面一段话是当时奥巴马总统在白宫记者晚宴上的发言。

“在这个更温暖、更朦胧的新白宫里，某些东西发生了变化，那就是我和希拉里的关系。我们在竞选时是竞争对手，但这些日子，我们再亲密不过了。实际上，她从（刚暴发甲型 H1N1 流感的）墨西哥回来的那一刻，紧紧拥抱了我，给了我一个吻。”

奥巴马总统的这番话让在座的记者捧腹大笑，既表现了和竞争对手之间微妙而又紧张的关系，又将其巧妙化

解。这样的总统值得大家喜爱。

对于任何国家的政界人士而言，幽默风趣都十分重要。这里所说的幽默风趣，是指既能使别人开怀大笑，又能透露出机智和新颖，也就是要有格调。在美国，即使非常有能力，但若缺乏良好的幽默感或机智，也很难当选总统。即使成功当选，也不容易受到国民的喜爱。

幽默风趣不是政客的专利，无关职业、地位、年龄和性别。在与别人交流时，人们最在乎的就是是否幽默风趣，用流行的话来说就是，“不笑我就输了”。那么，让我们来思考几个关于风趣的问题：人为什么会被风趣吸引？为什么相较于女性，男性更需要风趣？

首先，让我们来解决第一个问题：人为什么会被风趣

吸引？我们每个人都有预测的能力。大脑会对世上发生的一切事情构建一个内在模型，它可以敏感地捕捉到脱离这个模型的情况。也就是说，大脑能够对每天发生的相同的事情做出预测。因此，一旦没有按照预测的轨迹进行，大脑就会对其特别注意。

因为和人们的一般性思维相反，所以风趣总能引起周围人的关注。面对从流感暴发地区回来的国务卿，总统必须要和她亲密无间地握手，这是一般性思维。不用说，奥巴马除了握手，还进行了拥抱，甚至亲吻。但他并没有在此自我夸耀，而是把它当作一个笑话。这巧妙地缓解了他和希拉里的紧张关系，也让与会的各位记者放松紧绷的神经。这个发言并不符合人们对总统的既定印象，十分新颖，也很风趣。

对日复一日的事情感到厌倦，被别开生面的新奇吸引，这并非人类的专利。即使是在动物世界，新颖和创意也都是被关注和艳羡的对象。众所周知，若某雄鸟会唱其他雄鸟不会唱的歌，它就会更受雌鸟的喜爱。因为，新意也是一种优点。

同样的道理，风趣也是从容、创造性和社会性的标志。若不能摆脱生存问题，也就很难风趣。但即便物质上富有，也需要从容的精神。另外，创造性并不是完全虚幻的，它需要得到周围人的共鸣，否则就不是风趣，而只是滑稽。风趣的人能准确把握身边人的想法和情绪，这正是风趣的社会性。所以，风趣的人绝不会败在沟通上。

相比生存，风趣对于繁殖十分重要。你实地看过求偶的雄孔雀开屏吗？笔者几年前曾在美国的圣迭戈动物园近距离观察过一次，感觉有些凄凉。因为羽毛的拖累，孔雀无法快速扇动翅膀，只能勉强飞翔。若是这样直飞上天，肯定会成为猛禽类的盘中餐。从生存和效率的角度来看，华丽的羽毛毫无用处，甚至会成为累赘。但若雌孔雀就是偏爱尾巴华美的雄孔雀，那就完全不同了。事实上也确实如此，那么，为什么会这样呢？

雄孔雀的华丽羽毛就像是一张品质保证书，而处在繁殖期的雌孔雀就是质检员。雄孔雀需要通过羽毛来向雌孔雀宣布：“我基因优良、才华横溢，你只有选择我才不会吃亏。”这份宣言绝非夸大或虚假广告。生物学家发现，只有雄孔雀能够抵御寄生虫的攻击，才有可能拥有如此华美的尾巴。

我们的风趣就相当于是雄孔雀华丽的羽毛，也是性选择的结果。适婚年龄的女性会比男性更看重配偶是否幽默。正如有句话说，“宁嫁丑男，不嫁无趣男”（但男性会比女性更看重配偶的外貌）。达尔文虽然提出了关于生存竞争的自然选择机制，但却想通过性选择机制来解释交配。让我们打开电视，观察一下对于风趣幽默，到底谁是生产者，谁又是消费者。我们发现逗笑的一方主要是男性，而开怀大笑的一方主要是女性，这就是风趣是性选择产物的证据。

不知是不是男士们发现了这一点，最近许多缺乏幽默感的男性开始准备对策，也就是背笑话。虽然他们十分努力，但距离顶级还是有一段距离，因为顶级的幽默需要具备即兴表演能力。当然，用“廉价”的即兴表演来敷衍了事，只能显示思想的贫瘠，也与顶级相去甚远。

进化论与文学的相遇

灰姑娘的故事家喻户晓。灰姑娘在母亲过世后，一直饱受继母和姐姐们（继母带来的女儿）的折磨。有一天，在精灵的帮助下，灰姑娘参加了国王举办的舞会。王子对她一见钟情，并与其共舞。然而，12 点的钟声一响，知道魔法马上就要消失的灰姑娘赶紧松开王子的手，匆匆离去，慌忙之中留下了一只水晶鞋。最后，王子凭借这只鞋找到了灰姑娘，和她过上了幸福快乐的生活。灰姑娘的故事最早见于 9 世纪的中国民间故事，约 16 世纪时又在欧洲出现。如今流传最广的灰姑娘是法国作家《夏尔·佩罗童话集》(1697) 中的主人公。

西方有灰姑娘，韩国有黄豆女和红豆女的民间故事。继母让黄豆女给无底的缸里挑满水，这时，蛤蟆为其堵漏。在首次成书于 1919 年的大昌书院版《黄豆女红豆女传》中，这个故事广为流传。当然，在这个故事中，虐待主人公的继母及其一伙最终受到了惩罚。

为何东西方都有这样的故事呢？其实灰姑娘对于女性解放论者而言，一直是眼中钉、肉中刺。因为这个故事的背后表现的是女性对于男性的依附，期望得到男性的庇护，强化了女性的依赖心理。并且，在社会运动家看来，灰姑娘还是烫手山芋。毕竟在离婚、再婚比较普遍的家族现实中，说什么被继母虐待……

尽管如此，为什么还出现了大量以灰姑娘为原型创作的动画、漫画、电视剧和电影呢？为什么它会成为一个普及率如此之高的文学作品呢？不久前，几位外国文学评论家从进化论的角度出发，来思考这种文学的普遍性。文学和进化论的相遇，就像是莎士比亚与达尔文的会面。那么，他们如何见面呢？进化论文化评论家对灰姑娘过上了幸福生活的后半部分不太关心，他们更加关注为什么这种被继父母虐待的儿童故事能够在世界范围内广为流传。

1988 年，美国《科学》杂志上发表了一项研究成果，在社会上引起轩然大波。这项加拿大的研究结果显示，继父母杀害子女的危险比亲生父母足足高出 70 倍。或许会有人反问："这不是众所周知的事吗？有什么好惊讶的？"这项成果备受瞩目的原因在于，它从进化论的角度分析了这一现象。加拿大麦克马斯特大学的戴利和威尔逊夫妇认为，在以下四种情况下，父母对子女的爱会减少：1. 父母并非生物学意义上的父母时；2. 父亲不确定时（不能确认谁是孩子的父亲）；3. 子女残疾或有智力障碍时；4. 太过贫穷或子女过多，导致母亲负担过重，对生活和未来感到非常悲观时。他还主张，从进化论的角度最能说明这一现象，逻辑如下：

父母与子女共享 50% 的基因。因此，为了提高自己的包括适应度[1]，父母就有可能控制子女的未来，以做担

1　包括适应度指的是自己的适应度，以及与自己共享基因的其他个体的适应度的和值。——译者注

保。即若是对所有的子女一视同仁，那么父母自己的包括适应度就可能下降，所以父母对子女会有一种特殊的无意识的心理评价机制。虽然“手心手背都是肉”，但其中也有肉多（或少）的一边。从这一角度看，继母并没有与黄豆女共享基因，所以也就几乎没有理由对她倾注爱意。

让我们再把目光投向其他文学作品。1932 年，韩国近代短篇小说先驱者金东仁在《东光》杂志上发表了《脚趾长得像我》一文。此文可被称为进化论与文学相遇的小说。主人公大龄青年 M 虽然背着朋友偷偷结婚了，但由于他年轻时交往了无数个女人，染上了性病，丧失了生育能力。作为他的医生，叙述者“我”非常了解这一情况，但是，在 M 结婚两年后的某一天，他突然抱着一个婴儿来到“我”的医院，希望能从“我”这里得到保证，保证这是他的孩子。M 对“我”说：“你看，这孩子有长得像我的地方……（省略）你看我的脚趾，我的脚趾和别人不同，中指比较长。但你再看这孩子的，绝对不是我的脚趾。”M 怀疑自己的妻子出轨，又想努力消除这种想法，“我”很同情他。于是，“我”对他说，只有脚趾长得不像，避开了 M 疑惑而又希冀的目光。

一直以来，男性（雄性）都有一桩心事，都怀疑过自己伴侣生下的孩子到底是不是自己的。女性就没有这种困扰，但是父性总是不确定的。若是伴侣真的出轨，那自己

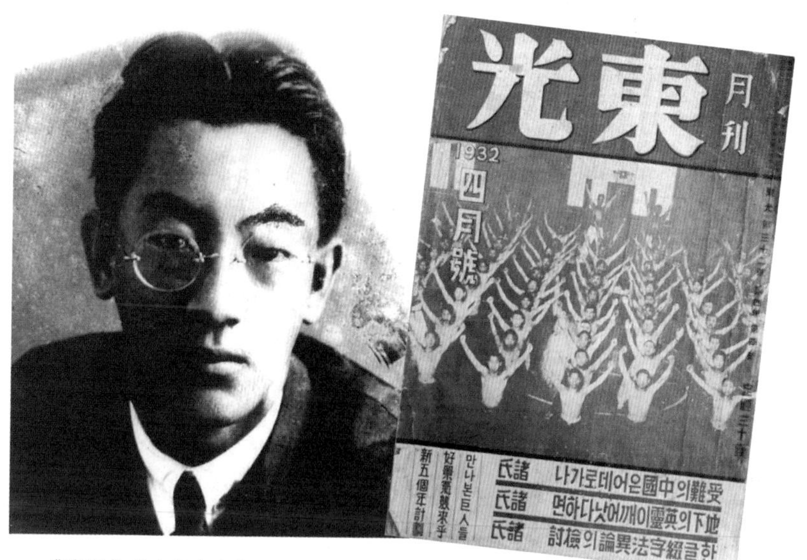

《东光》杂志与金东仁

就被戴了绿帽子。前文已经提到过，研究结果显示，无论是东方还是西方，男性对伴侣的肉体出轨最为愤怒。M即使连脚趾也要寻找和自己相像的地方，这一行为或许也是一种不想自己的人生被毁的防御机制。

法国著名短篇小说家莫泊桑在《无益的美》一文中，强烈表现了父性不确定性对于男性而言是一个多么痛苦的问题。小说讲述了一个女人因丈夫的占有欲和疑妻症而在11年的婚姻生活中足足产下了7个孩子，而后对她丈夫展开惩罚的故事。

“我要向您说的话就是：在您的孩子们之中，有一个

不是您的。我在上帝的面前向您发誓，这是我对于您，对于您凶恶的男性专制，以及对于您罚给我的生育苦役的唯一报复手段。谁是我的情夫呢？您永远不会知道，您可以疑心无论哪一个。您永远不会发现。我并不是为了爱情和愉快把身子许人，是纯然为着报复您。于是这个人，他也使我取得了做母亲的资格。谁是他的孩子？您永远不会知道，我有 7 个孩子，请您去辨认吧。

“您不觉得那事已经挨够了时候吗？请您告诉我到底

收录莫泊桑《无益的美》一文的短篇小说集

是哪一个？我一看见他们，他们一围绕着我的时候，我心中就不得不为疑团所困。请您告诉我是哪一个。”[1]

这一主题不仅存在于金东仁和莫泊桑的作品中，还存在于众多影视剧里。进化论不仅说明了这种社会和文化现象，也是巧妙表达这一现象的文学作品的成功秘诀。

1 译文选自《莫泊桑短篇小说全集》（李青崖译）。——译者注

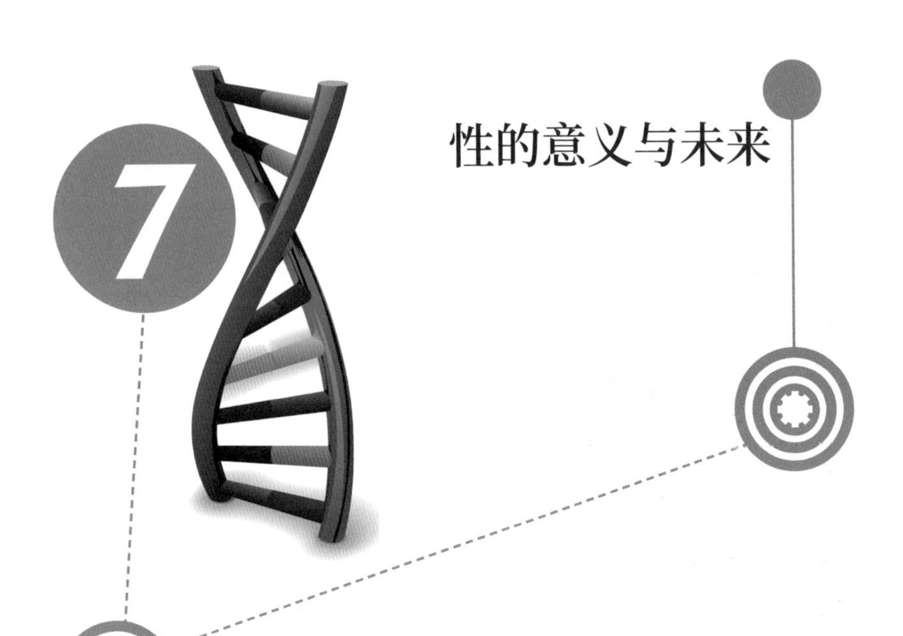

性的意义与未来

几年前，为研究黑猩猩的认知和行为，笔者曾在日本东京大学灵长类研究所待过一段时间。那时，我看到了雄性黑猩猩对待自己的家人有多么残忍，因此陷入了深深的震惊和恐惧之中。有一天，我看到一只雄性黑猩猩朝雌性黑猩猩大吼大叫，拳打脚踢，那个场面简直如同修罗场一般。雌性黑猩猩尖叫着，痛苦地躲避，逃跑。不明就里的幼崽因为害怕而浑身发抖，把脸努力地埋在墙角。

“那只雄性黑猩猩让我想到了在家庭暴力中挥舞着拳头的男人，就好像得了精神病一样。”我脱口而出。

日本著名灵长类学家松泽教授和我一同目睹了这一情况，但他的回答更令人震惊。

“雄性为使雌性怀孕，一般都会这样，以后所有的事情都是由雌性负责。但在野生条件下，雌性产下幼崽后放任不管的现象也很常见。”

我自言自语：“黑猩猩的家庭真是……”

事实上，在灵长类社会中，黑猩猩社会是最以雄性为中心的。甚至一只雄性打败了从前的首领，登上王位后，会杀掉以前首领的子女。黑猩猩的家族结构和我们又有什么关系呢？

女性主义电影《安东尼娅家族》讲述了只有女人的安东尼娅家族四代人波澜起伏的历史，周围的男人象征着暴力与压迫。安东尼娅的女儿达尼埃莱虽然不想结婚，但却希望能抚养一个孩子长大。因此，她和一个男人发生了一夜情，有了女儿泰雷瑟。在这部电影中，男人只不过是一个尽兴后能传递精子的人，主要作为破坏别人家庭幸福的角色登场。人类男人多多少少与雄性黑猩猩有些相似。

对于我们而言，家人究竟是什么？家族是如何进化而来的？今后会发生怎样的变化？未来是否还需要父亲？未来还会保持以血缘为中心的家族形态吗？还会是一夫一妻制吗？本章将从进化论的角度出发，解读性与家族的未来。

性与家族的未来

父亲会消失吗?

在韩国，因为社会文化对家长制的反抗，年轻人和我们父辈的家族观念大相径庭。现在，情侣同居的现象屡见不鲜，也出现了家务活全包的丈夫。从前，父辈认为男人只要在外面挣钱即可。现在，随着双职工夫妻越来越多，他们也不敢再那么理直气壮了。甚至丈夫对家人疏于关心或不干家务也成了正当的离婚理由，家族中的任何人都不想再容忍这种男人。作为一个父亲，若你现在还没有做好身体力行接受这种文化的准备，就会被所有人发现。回到家，他们也是如坐针毡。

传统意义上的父亲与丈夫渐渐丧失了在家里的立足之地，这是不争的事实。或许像《安东尼娅家族》一样，会不会出现男性从家族一环中消失的社会呢？最近，男性在家中的地位发生了巨大的变化。那么，未来又会如何？未来还会需要父亲和丈夫吗？

从进化论角度看，这个问题站在男性的立场上多少会感到有些委屈。因为在灵长类当中，没有一种雄性生物会像人类一样为家庭奉献精力与努力。为什么呢？

正如前文提到的，人类区别于其他灵长类动物的一

点，就是需要父母的长时间抚养。对于人类为何进化出了这种生存战略，众说纷纭。其中最有道理的一种说法认为，这与人类的直立行走有关。有一天，我们的祖先从树上下来，开始直立行走，女性的生理构造也发生了变化。她们的产道变窄，无法长时间在子宫内养育胎儿，因为若胎儿的头部过大，就无法通过产道出生。因此，女性产下的孩子发育尚未完全，需要长时间的养育。

实际上，新生儿的头部大小只有成年人的四分之一。幼鹿在出生几秒后就可以在草地上跑来跑去，而新生儿在出生后的几秒内只能哇哇大哭。黑猩猩一岁后便可自由自在地爬树，而周岁宴上的主人公却只能勉强走上几步路。单从出生后的第一年来看，相较于其他生物，人类真是特别柔弱。

虽然相比母亲的子宫，这样的环境更加危险，但却可以更早地来到这个有趣而又刺激的世界，而且大脑可以通过与外部环境的相互适应学到更多东西，这就是只有人类才有的卓越生存战略。但为具体实现这一战略，必须要有独特的家庭结构，这就是父亲的必要性。在人类的历史上，资源稀缺。在大部分时间中，女性都无法独自抚养尚未成熟的孩子。而且，自己的孩子因没能得到帮助而死去，即使对男性而言也是一种损失。在人类社会中，结成伴侣对男女双方都有好处，至少也会因抚养孩子而成为命运共同体。或许人类的一夫一妻制就是从这里起源的。

因科技发展，政治经济体制变化，文化飞速变革，家族形态也或多或少地发生了改变。这不仅仅是在战争废墟中崛起的韩国的趋势，也是维持了长时间和平稳定的西方发达国家的趋势。然而，尽管有如此变化，也依旧有永恒不变的事实。其中之一就是为抚养孩子，任何人都必须投入一定的资本（钱、时间、精力等）。这种资本一般很难由父亲或母亲一方独自承担，即使家庭收入处在平均水平以上，或已经养育了一个孩子。“孩子生下来，自己就会慢慢长大的。”这种话不过是父母的糖衣炮弹。可能是因为父母已经忘记了当年抚养我们时的那份艰辛，也有可能只是在引诱犹豫不决的小夫妻。除人类之外，没有第二种生物会为育儿投入良多。

或许有人会问："未来，为了越来越多的双职工夫妻和单身妈妈，可能会发展出利用社会成本来进行育儿的设施，那我们还一定需要父亲吗？"甚至也许会有人想象，未来无论谁生了孩子，都由国家利用社会成本代为抚养。然而，从进化论角度来说，这一现象是几乎不可能出现的。

早在几十年前，以色列的基布兹就进行了类似的试验。但是，采访了把孩子放在托儿所中的父母后发现，他们希望能和自己的子女有更多相处时间。即便知道个人抚养会很辛苦，但他们也想尽可能地自己抚养孩子。

进化心理学家认为，父母愿意对自己生物学意义上的子女奉献，是因为从基因的角度来说，子女与自己共享 50% 的基因。若不对他们进行投资，那么自己的基因在传给下一代时就没有采取最行之有效的方法，这是极其愚蠢的行为。因此，人类历史上妄图斩断父母与子女间这种关系的尝试均以失败告终。并且在抚养时，还需要父母双方（或者也可以由充当父亲或母亲作用的角色代替）的投入。

未来父亲还会存在吗？这里没有必要询问母亲的未

来。因为人类作为哺乳动物，分娩和养育的负担全部或相当一部分必须由母亲来完成。母亲作为人类家族自然史的主体，在未来也会依旧如此。从进化角度说，男性抛弃拥有自己一半基因的孩子是非常愚蠢的行为，因为男性就是为了成为父亲而存在的。然而，假如即使没有自己的投资，也能够满足后代成功进化的条件，那么男性就不会对育儿投入时间和精力，而会去选择与其他人创造自己的新后代。从进化论角度说，这是非常明智的。

但在某种意义上，女性掌握着创造这种条件的关键。相较于丈夫的育儿投资，若是女性找到了更好的育儿投资路径，就可能不再需要丈夫了。或许就像《安东尼娅家族》一样，女性之间可以结为同盟，构建一个没有丈夫的家庭。但父亲也不会袖手旁观，因为他们可以通过父亲的身份，给拥有自己基因的孩子的生活与发展带来巨大的影响。或者可以像基布兹一样，不区分是谁的孩子，一同来进行抚养，这样也不再需要父亲。但同样，这也很难持续下去，因为无差别的共同抚养实际上是与基因观点的基本原理完全相反的。从基因的角度来说，为亲人提供更多的投资会有更大的利益。迄今为止，人类进化到现在，已经经历了漫长的岁月。在今后的数百年中，父亲消失的可能性为零，所以未来的父亲们，请不要担心。

以血缘为中心的家族会解体吗？

未来还会有“血浓于水”这句话吗？至今为止，人类家族一般以血缘为中心，当然也有一些继父母或养父母，但他们的数量尚不能与亲生父母相较。

那么，我们的家族形态在未来也会一直保持下去吗？随着离婚率上升、经济贫困、未婚妈妈增多、同居情侣增加，继父母和养父母所占的比例上升。从这一角度讲，这些因素都有可能导致以血缘为中心的家族解体。另外，托儿所和各种福利设施，以及福利政策的增加，更重要的是不孕不育夫妇数量的增加，也都增加了未来出现超越血缘关系的家庭的可能性。

尽管如此，在未来，大多数夫妻还是会想自己生儿育女。正如前文所说，这与人类独特的生活历史有关。因为人类以尚未发育成熟的形态出生，所以在养育时需要相当多的投入，才能将自己的基因成功传给后代，这也使得人类更执着于血缘。如果没有血缘关系，也就是说，无论再怎么精心照料孩子，孩子也不会有他的遗传基因。那么从遗传的角度说，这种行为是非常愚蠢的。实际上，在有养子的家庭当中，一般都已经有了亲生子女，或已经尽了最大的努力却也没能拥有自己的孩子。当然，也有极少数身体健康的父母只养育了养子。

前文中提到的加拿大麦克马斯特大学的戴利和威尔逊夫妇对于儿童虐待的研究结果，很好地表现出了人类对于亲生子女的执着到了何种程度。但对此，其实可以立即从感性的角度提出反对意见。因为确实有很多非常爱自己子女的继父母和养父母，即使孩子与他没有任何血缘关系。但在此最重要的是两种情况的比例。一种是在人类的历史上，这种情况都是极少数。在任何一个时代，它都不可能占据大多数。另一种则是继父母虐待儿童的比例，要比亲生父母高很多。（不能把这一主张与继父母虐待儿童在道德层面上是合理的这种主张混同起来。就像不能因为有不少人受贿，就说受贿行为是正常的。事实问题和价值问题，必须严格区分开来。）

对于虐待儿童，韩国发表了很多模糊的研究结果。几年前，一位韩国国会议员引用韩国中央儿童虐待预防中心的资料来宣传虐待儿童的严重性。某媒体从中挑出了这么一段。“很多儿童都遭受虐待……85.5% 是被父母虐待。”究竟是什么样的夫妇？他们又为什么会虐待儿童呢？将虐待儿童的频率从高到低进行排序，分别是“父子家庭（34.3%）、一般家庭（24.9%）、母子家庭（11.2%）、再婚家庭（10.3%）”。

单纯看这一统计数据，可以得出结论：对于虐待儿童，一般家庭反而比再婚家庭还要危险。但这一数据其实

爸爸！
救我！
！
叔叔！
救我！

儿子！
等我！

看，我说了吧，
血浓于水！

忽视了一般家庭占全部家庭的比例，从而得出了一个错误的结论。一般家庭由于基数大，所占比例要比再婚家庭高出许多。这就像是韩国的汽车修理厂，在它所修理的故障车辆中，肯定大部分都是现代和起亚。因为这两种车是韩国最畅销的车辆品牌，所以故障车自然也就最多。

在未来，以血缘为中心的家族结构会发生变化吗？从进化论的角度说，答案是否定的。就像基布兹的父母希望有更多的时间能和自己的子女共同度过一样。无论未来社会怎么变化，家族都会以血缘为中心。最近半个世纪，生命工程飞速发展，它的背后蕴藏着人类的期望。试管授精、DNA 指纹技术、体细胞复制技术，还有最前沿的不孕不育治疗技术等，都体现了人类期望能继续构建有血缘关系的家族。

一夫一妻制会保持下去吗？

未来还会要求一夫一妻制吗？也许这是关于未来家族形态的最有意思的问题。正如前文所说，在进化方面，人类有偏爱一夫一妻制的理由。要照顾好尚未成熟的后代，雌雄至少也要结为伴侣一段时间，团结合作。但是，无论何时，这种关系都有被打破的可能。抛开伦理和道德问题不谈，单纯从进化论的角度来说，反复结婚和离婚的人，其实是处在一种“顺次的一夫一妻制”环境中。他们的人生相当于是一夫多妻（男性的立场）或一妻多夫（女性的立场）的。

事实上，回顾过去，其实有很多时期都不是一夫一妻制。回溯到大约200年前，我们奶奶的奶奶的那一辈，当时的社会就是一夫多妻制。与此相关有一个普遍原理，那就是无论在什么文化圈，社会的等级秩序越明显，一夫多妻制的现象就越严重。在黑猩猩社会中，会出现一种极端现象，就是最强大的首领会想把所有的雌性占为己有。那么，一夫一妻制是民主主义社会的产物，它和民主主义是共命运的吗？社会越平等，就越能遵守一夫一妻制吗？现在的一夫一妻制究竟会如何发展？

虽然预测人类的行为并非易事，但预估制度的变化更是难上加难。首先，制度是一种社会性的规范。社会越民主，一夫一妻制就越容易被接受。民主主义社会在法律和制度上给予每个人相同的权利，所以即便是在家族的形成中，也绝不会容忍性的专横。

但除去制度，行为又是另一个问题。民主平等的社会也必定会有自由竞争，而在这样的社会中，也必定会在政治经济层面出现阶层。我们现在正在经历的这种阶层深化了性行为竞争。就像达尔文在性选择理论中所揭示的那样，在自然界中，雄性一般是竞争的主体，而竞争的结果

实际上就是一夫多妻制。富有而又大权在握的少数男性身边，总是有很多女性，这不是什么秘密。从这一角度来说，未来社会虽然原则上还是一夫一妻制，但变形和隐性的一夫多妻制同时存在的可能性也很大。其实，从制度层面上也可以说，一夫一妻制是为了那些凭一己之力很难撑起家庭的弱者而建立的制度。

另外，有必要再来了解一下一妻多夫制。在某些地区，还存在着一妻多夫的现象。当地育龄女性数量极少，而资源又需要多个男性合力才能获得。但仔细了解后会发现，这样家庭的丈夫们一般都是亲兄弟。即几个兄弟和一个女人结婚，在一个家中生活。在男性的立场上看，反正是和自己拥有相同基因的兄弟。在女性的立场上看，反正选择一个丈夫又不能获得资源。这种家族构成从进化论角度来说并不奇怪。那么，问题在于，“我们的未来也会这样吗？”虽然也有育龄女性数量急剧减少的可能性，但这并不是一妻多夫的充分条件。

此外，还有一个变量。在人类的历史上，有能力且富有的女性不是很多，但今后会慢慢增加。我们在大众媒体上不难看到一些知名女性，她们频繁更换丈夫或爱人。其实，她们已经正在经历一妻多夫制了。

另外，并不是不存在一种意外，能够戏剧性地改变未来的性与家族构成形态。举例来说，网络性爱的实用化、干细胞技术的发展、人形机器人的登场、人工子宫的发明、人类寿命划时代的延长，等等。但这些技术若想影响人类的日常生活，至少还需要数十年或数百年，甚至还有可能出现曾经被判定为不可能的技术。总之，人类的大脑在过去的数百万年中没有经历巨大的变化，今后也很难出现能够根本改变人类大脑的新技术，我们的内心与行为不会与现在产生较大的差距。人类还是会重视血缘，还是需要父亲，还会继续保持轻松的一夫一妻制。这就是从进化论的观点所看到的家族与性的未来。

性的意义

许多生物学家认为，性的出现是地球上的生命体所经历的巨大变革之一，能与之相提并论的只有 DNA 的起源或真核生物的出现。性的诞生在生命的历史上可谓一件划时代的大事，是进化的分水岭。

原因很明显。在只有细菌肆虐的 20 亿年前，性赋予了生命世界无穷的可能性。但它却采取了非常有意思的方式，像抽签一样。如同在第一、第二章中说明的那样，通过减数分裂、基因重组和细胞融合进化而来的性，可以说是这世上最大的一次抽签。它们偶然间为生命体提供了多样性，最终成为一种能创造出更优质生命体的划时代的方法。

在贯穿宇宙、地球、生命以及人类出现的大历史中，最重要的趋势之一就是多样性的增加。大爆炸以后，生成了许多种元素，制造了无数颗行星，地球上也进化出了多样的生命。第一次出现细菌的 38 亿年前和充满了各种各样生命体的现在，在多样性的层面上，完全没有可比性。真核细胞的出现与性的出现成了增加多样性的加速器，同

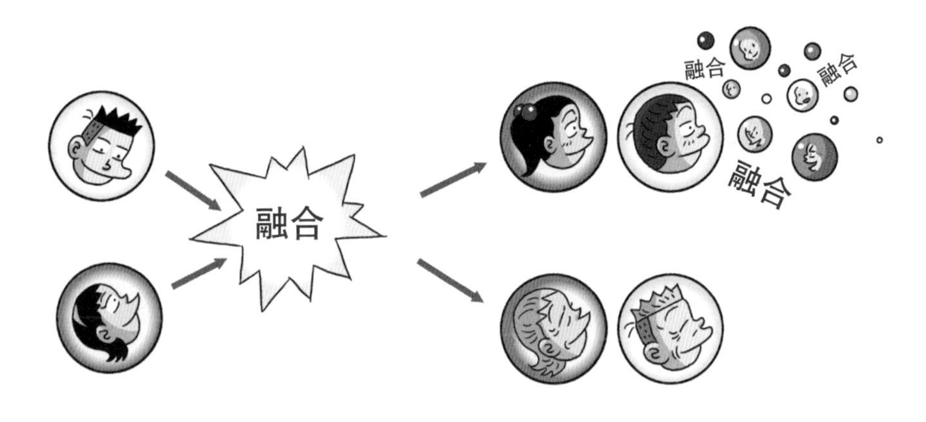

时在生命的历史上也划时代地提高了复杂性的最大值。若是有进行人类和细菌对比研究的外星人科学家，他一定会在研究报告中写道："相比细菌，人类是一种非常复杂而又精巧的生命体。"

性的出现使我们得到了"融合"。就像在第二章中仔细说明的，它承受着各种负担，进化出了有性生殖，通过融合创造出多样的生命体。我们有时会遇到一些严峻的情况，久久找不到出口，迷茫徘徊，就像感染了致命寄生虫的宿主一样。性让宿主变得更加强大，我们也通过融合获得了异常强大的应对之法。

但有得必有失。通过性，生命虽然得到了多样性和复杂性这两件礼物，但同时也收到了"死亡"的命运。无性繁殖可以将自己的基因组永远复制传递下去，但通过有性生殖的我们，基因组会一分为二，与另一半基因组相遇，自己也会在合适的时机迎接死亡。我们作为父母的爱情结晶而诞生，但父母却渐渐老去，终有一日会天人永隔。性也让我们如此肃穆。

聪明的读者朋友们，现在你知道和异性朋友间的“欲拒还迎”其实也是因为性的起源与进化了吗？

从大历史的观点看性的诞生

在《物种起源》中，达尔文首次提出了进化论。但即便是他，当时也有没能完全解开的问题。有一天，达尔文看到一只雄孔雀扑棱着长长的羽毛，吃力地飞翔。若天上有秃鹫飞过，它肯定会变成人家的盘中餐。那它为什么会进化出这种毫无用处，甚至可能威胁到生存的美羽呢？后来达尔文发现，雌孔雀在择偶时会更加偏爱羽毛又美又长的雄孔雀。为与自然选择做区分，他将其命名为“性选择”。雄孔雀像是押上了自己的性命在恋爱，这和我们人类是不是也很相似？因为这世上的一切都是雌雄成双成对存在着的。

从一开始便是如此吗？在地球46亿年的历史中，若没有出现性，地球上的生命体又会是怎样一番景象？当然，15亿年前，世界上不会有从未停歇的交配竞争，也不会有男女之间的欲拒还迎。因为没有性，自然也就没有了交配的必要。那时的繁殖不过是把自己的基因组传给后代的一种方式罢了。从无性繁殖的角度来说，这是非常准确且高效的，但同时也太过单一。后代只能得到祖先所具有的基因，那么内容相同、只有先后顺序的差异，也就不用区分祖辈和后代了。想象一下你和你的子女完全一样，是不是有些惊悚？

假如地球有思想，那么它也无法忍受这份单调和枯燥吧。每天上下班穿着同样颜色的西装，突然有一天决定换上不同颜色的，又换上了短裤和 T 恤，换了皮鞋和领带。你问用什么方法？大自然会告诉你，用两种生殖细胞。通过减数分裂，两种性细胞结合，就能产生拥有新基因组的后代。这是促进基因多样性的最佳方法。

假设地球有一对孪生兄弟，在各方面都与地球相同，但在 15 亿年前没有发生任何事，还是一个只能进行无性繁殖的行星。假如有可以自由空间移动的外星人科学家，他在对这两颗行星的现状进行比较观察后，会给自己的报告取一个什么题目呢？会不会是《华丽的地球与平庸的孪生兄弟》呢？华丽的地球上最年轻的生命体就是我们人类。如果没有出现性，那么人类也不会进化。大历史一直想把宇宙、生命、人类历史囊括在一个故事之中，从这一角度出发，性的诞生就显得格外特殊。让我们向第一个性细胞表示感谢。

性的出现是大历史的一个分水岭，它不仅是生物多样性的源泉，还为生命的历史带来了“死亡”。在没有性的岁月里，在只能进行无性繁殖的那个时期，祖先就像是工厂里出产的一批永远不会被报废的同款机器人，无法经历死亡。

然而，在进化出有性生殖的繁殖方式后，情况就发生了变化。祖辈和后代的基因不同，二者间的界限也就更为清晰。并且，通过两个生殖细胞结合而产生的新个体无法永生，这反而使得其更加努力促进自己基因的复制。即在性出现之后，祖先为给后代让出位置，会在适当的时机选择死亡。因为相较于基因来说，个体只不过是一副外壳。我们从母亲腹中而出，最终也要归于黄土。人生的开始和尽头都与性的出现有关，你是否感到惊讶？性的诞生这一生物学事件就是这样一个与我们的生活息息相关的故事，这就是从性的观点所看到的大历史。

2013 年 10 月

张大益